新视角科普系列丛书

丛书主编　汤寿根　沙锦飞

节能减排

低碳经济的必由之路

王宁寰　著

山东教育出版社

图书在版编目（CIP）数据

节能减排：低碳经济的必由之路 / 王宁寰著.
—济南：山东教育出版社，2015
（新视角科普系列丛书 / 汤寿根，沙锦飞主编）
ISBN 978-7-5328-9118-4

Ⅰ.①节… Ⅱ.①王… Ⅲ.①节能—青少年读
物 Ⅳ.①TK01-49

中国版本图书馆CIP数据核字（2015）第235455号

新视角科普系列丛书

汤寿根　沙锦飞　主编

节能减排：低碳经济的必由之路

王宁寰　著

主　管：山东出版传媒股份有限公司
出版者：山东教育出版社
　　　　（济南市纬一路321号　邮编：250001）
电　话：（0531）82092664　传真：（0531）82092625
网　址：www.sjs.com.cn
发行者：山东教育出版社
印　刷：山东德州新华印务有限责任公司
版　次：2016年4月第1版第1次印刷
规　格：787mm×1092mm　32开本
印　张：7印张
字　数：118千字
书　号：ISBN 978-7-5328-9118-4
定　价：19.00元

主编简介

汤寿根 现任中国科普作家协会荣誉理事、组织委员会顾问。获科普编辑家、科技编辑家、科普编创学科带头人、成绩突出的科普作家等荣誉，2009年获中国科普作家协会建会30周年卓越贡献"荣誉奖"。其业绩被中宣部出版局收入《编辑家列传》。主编的图书和著作多次获得中国图书奖、全国优秀科普作品奖等。

沙锦飞 笔名老沙，中国科普作家协会常务理事，中国科普作家协会组织工作委员会主任委员，中国科普研究所副研究员。长期从事科普理论研究、科普的创作与作品研究以及科普创作实践，其成果涵盖科学家专访及电视专题片、研究论文、科幻小说、专栏文章等各类科普作品。

作者简介

王宁寰 高级工程师，中国科学院科普演讲团成员。曾任中科院应用研究与发展局材料能源处长，副总工程师，中国材料研究学会副秘书长，中国薄钢板成形技术研究会秘书长，国家稀土办公室专家组成员。受聘于中国科协青少年科技中心，任专家委员会委员。2004年被评为"中国科学院科普工作先进工作者"。现为中国科普作家协会会员。

内容提要

　　本书围绕"低碳经济"这个热门话题，用新视角来观察、分析、解释、介绍：低碳经济与现代能源的关系，节能减排与新能源技术的关系，石油在现代社会经济发展中的重要作用和带来的问题，以及未来新能源材料的开发利用前景。

　　本书从社会经济的发展角度，通过中国石油开发过程中艰难、卓越的历史，使人们了解我国石油从无到有，从有到足，从足到缺的发展历程。也使人们认识到，尽管我国社会经济高速发展，但是由于对化石能源无节制的使用和浪费，已经给生态环境带来极大的危害，能源危机与生态危机相伴而行的双重危机已迫在眉睫。

　　本书指出要解决能源、生态双重危机的必由之路是发展"低碳经济"。书中主要从科学技术发展角度，介绍能源材料和技术的重要前沿领域，包括核能利用新技

术、可再生清洁能源技术，太阳能、风能的开发利用，特种水力发电异军突起，核电迎来新的发展机遇，蓄光型自发光材料的诞生，以及神秘的新能源材料——可燃冰的发现和利用。

本书还指出，"低碳经济"就是全方位的节能减排经济，就是创新的"新能源开发经济"，也就是全人类"生态文明经济"，归根到底是全人类可持续发展和生存的经济。我国必须坚定不移地开发"第五能源"——节能减排，同时全面加强应对气候变化能力建设。我国能源前景依然光明，世界能源前景同样光明。

序

汤寿根

人类文明的发展史，是从采集文明过渡到农业文明，再从农业文明发展到工业文明。世界上发达国家的工业文明，已有200多年历史。在这些国家中，约有10亿人提高了生活水平，实现了生活方式的现代化。我国改革开放30多年来，经济的快速增长也没有离开工业文明的发展模式。但是，工业文明的发展带来了严峻的后果：资源过度消耗，环境严重恶化，引起了资源和环境的双重危机。2008年9月以来，世界发生了百年罕见的国际金融危机，使世界经济遭遇自20世纪大萧条以来最为严重的挑战。我国经济也受到了严重的冲击。

为了应对这些危机，必须转变发展模式，调整经济结构。一场国际间科技竞争、技术革命正在兴起。

综观世界各科技强国的发展动向，这场技术革命将发生在如下领域：以绿色和低碳技术为主的能源技术革命，以生态文明和绿色经济为主的环保技术革命，以纳

米材料、微电子光电子材料、新型功能材料、高性能结构材料为主的材料技术革命，以转基因育种、新型生物能源、干细胞再生医疗、创新药物为主的生物技术革命，以高速手机网络、新一代互联网、传感网、物联网为主的网络技术革命，其他的重要领域还有空间、海洋以及地球深部的开发利用等。

21世纪的特征是：数字化的世界，知识化的时代，学习化的社会。21世纪所需要的人才是：文理兼容的、具有知识生产（创新）能力和知识管理（运用）能力的开放型人才。

以上观点与角度就是这套科普丛书的视角。

本丛书尝试以新的视角和写作技巧，探索青少年科普读物的创作风格。其特点为：

第一，在选题上：首先选取与经济社会发展、造福民生、改变或即将改变人们生产生活方式等关系密切的技术成果（或领域），重点展现科学技术的进步对人类社会发展的影响与改变，力争做到具有前瞻性，以促使广大读者尤其是青少年读者增进对科学技术的理解与向往。

第二，在创作技巧上：寓知识于故事之中。以故事（或案例）切入主题，展开并加以分析，形象思维与逻辑思维交融，步步深入，引导读者进入科学胜境，共同经历科学发展的过程。

　　第三，在传播科学知识上：要求有核心知识点，提出重点问题和相应的解决方案。在解决问题的过程中，使读者在了解科学知识的同时，理解科学精神，接受科学思想，学习科学方法，锻炼分析问题和解决问题的能力。

　　本丛书文字生动，富有情趣，并努力做到科学性、思想性和艺术性的完美统一。

目录 CONTENTS

新 视 角 科 普 系 列 丛 书

引　言

近几年，有一个新的名词和概念在国家各级政府文件和社会各界广为流传，那就是"低碳经济"。

有人要问："低碳经济"和节能减排是什么关系？它和新能源开发又是什么关系？

笔者认为，有必要在此做出说明。

何谓低碳经济

低碳经济是以低能耗、低污染、低排放为基础的经济模式，是人类社会继农业文明、工业文明之后的又一次重大进步。低碳经济实质是能源高效利用，清洁能源开发，追求绿色GDP问题，核心是新能源技术和节能减排技术创新、产业结构和制度创新以及人类生存发展观念的根本性转变。

低碳经济的基本内涵和"节能减排""新能源开发"是一回事。不过，"低碳经济"的概念已经不限于某国、

某地区的科学技术和管理行为，而是把节能减排和新能源开发提高到"创造全人类生存文明"的高度。

"低碳经济"提出的大背景，是全球气候变暖对人类生存和发展的严峻挑战。随着全球人口和经济规模不断增长，能源使用带来的环境问题及其诱因不断地为人们所认识，不止是碳烟雾、光化学烟雾和酸雨等的危害，大气中二氧化碳浓度升高带来的全球气候变化，已被确认为不争的事实。只有全人类携手，共同奋斗，才能拯救我们的地球。

在此背景下，"碳足迹""低碳经济""低碳技术""低碳发展""低碳生活方式""低碳社会""低碳城市""低碳世界"等一系列新概念、新政策应运而生。这是能源与经济以至价值观大变革的结果，它可能为逐步迈向生态文明走出一条新路，即摈弃20世纪传统"高碳经济"增长模式，直接应用新世纪的创新技术与创新机制，通过低碳经济模式与低碳生活方式，实现全社会可持续发展。

低碳经济概念的发展

"低碳经济"最早见诸政府文件，是2003年英国能源白皮书《我们能源的未来：创建低碳经济》。作为第一次工业革命的先驱和资源并不丰富的岛国，英国充分意识到能源安全和气候变化的威胁，它正从自给自足的能源供应走向主要依靠进口的时代，按目前的消费模式，预计2020年英国80％的能源必须进口。同时，气候变化给全社会造成的危害迫在眉睫。

2006年，世界银行前首席经济学家尼古拉斯·斯特恩牵头做出的《斯特恩报告》指出，全球以每年GDP 1％的投入，可以避免将来每年GDP 5％～20％的损失，呼吁全球向低碳经济转型。

2007年7月，美国参议院提出《低碳经济法案》，表明低碳经济的发展道路有望成为美国未来的重要战略选择。

2007年12月3日，联合国气候变化大会在印尼巴厘岛举行，15日正式通过一项决议，决定在2009年前就应对气候变化问题举行谈判，制订世人关注的应对气候变化的"巴厘岛路线图"。该"路线图"为2009年前应对气候变化谈判的关键议题确立议程，要求发达国家在2020年前将温室气体减排25％～40％。"巴厘岛路线图"为全球进一步迈向低碳经济起到积极作用，具有里程碑意义。

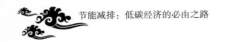

联合国环境规划署确定2008年"世界环境日"（6月5日）的主题为"转变传统观念，推行低碳经济"。

2008年7月，G8峰会上八国表示将寻求与《联合国气候变化框架公约》其他签约方一道共同达成到2050年把全球温室气体排放减少50％的长期目标。

低碳经济在中国

2006年，科技部、气象局、发改委、环保总局等部委联合发布我国第一部《气候变化国家评估报告》。

2007年6月，正式发布《中国应对气候变化国家方案》。

2007年7月，温家宝总理在两天时间里先后主持召开国家应对气候变化及节能减排工作领导小组第一次会议和国务院会议，研究部署应对气候变化，组织落实节能减排工作。

2007年12月26日，国务院新闻办发表《中国的能源状况与政策》白皮书，着重提出能源多元化发展，并将可再生能源发展正式列为国家能源发展战略的重要组成部分。不再提以煤炭为主。

2008年1月,清华大学率先成立"低碳经济研究院",

重点围绕低碳经济、政策及战略开展系统和深入的研究，为中国及全球经济和社会可持续发展出谋划策。

2007年9月8日，中国国家主席胡锦涛在亚太经合组织（APEC）第15次领导人会议上，本着对人类、对未来的高度负责态度，对事关中国人民、亚太地区人民乃至全世界人民福祉的大事，郑重提出4项建议，明确主张"发展低碳经济"，令世人瞩目。他在这次重要讲话中，一共说了4次"碳"："发展低碳经济"、研发和推广"低碳能源技术"、"增加碳汇"、"促进碳吸收技术发展"。他还提出："开展全民气候变化宣传教育，提高公众节能减排意识，让每个公民自觉为减缓和适应气候变化做出努力。"这也是对全国人民发出号召，提出新的要求和期待。胡锦涛主席并建议建立"亚太森林恢复与可持续管理网络"，共同促进亚太地区森林恢复和增长，减缓气候变化。

同月，科学技术部部长万钢在2007中国科协年会上呼吁大力发展低碳经济。

2008年"两会"，全国政协委员吴晓青将"低碳经济"提到议题上来。他认为，中国能否在未来几十年里走到世界的前列，很大程度上取决于应对低碳经济发展

调整的能力，中国必须尽快采取行动，积极应对挑战。他建议应尽快发展低碳经济，并着手开展技术攻关和试点研究。

2008年6月27日，胡锦涛总书记强调，必须以对中华民族和全人类长远发展高度负责的精神，充分认识应对气候变化的重要性和紧迫性，坚定不移地走可持续发展道路，采取更加有力的政策措施，全面加强应对气候变化能力建设，为我国和全球可持续发展事业不懈努力。

2010年召开的第十一届全国人民代表大会第三次会议的《政府工作报告》把"加快转变经济发展方式，调整优化经济结构"放在了重要位置，指出："打好节能减排攻坚战和持久战。一要以工业、交通、建筑为重点，大力推进节能，提高能源效率。扎实推进十大重点节能工程、千家企业节能行动和节能产品惠民工程，形成全社会节能的良好风尚。今年要新增8000万吨标准煤的节能能力。所有燃煤机组都要加快建设并运行烟气脱硫设施。二要加强环境保护。积极推进重点流域区域环境治理及城镇污水垃圾处理、农业面源污染治理、重金属污染综合整治等工作。新增城镇污水日处理能力1500万立方米、垃圾日处理能力6万吨。三要积极发展循环经济和节能环保产业。支持循环经济技术研发、示范推广和能力建设。抓好节能、节水、节地、节材工作。推进矿产资源综合利用、工业废物回收利用、余热余压发电和生活垃圾资源化利用。合理开发利用和保护海洋资源。四要积极应对气候变化。加强适应和减缓气候变化的能力建设。大力开发低碳技术，推广高效节能技术，积极发展新能源和可再生能源，加强智能电网建设。加快国土绿化进程，增加森林碳汇，新增造林面积不低于592万公顷。要努力建设以低碳排放为特征的产业体系和消费模式，积极参与应对气候变化国际合作，推动全球应对气候变化取得新进展。"有人做过统计，整篇"报告"中提到调整结构、节能减排、生态建设、淘汰落后产能、清洁能源、环境保护、节能工程、循环经济、节能高效、控制排放、治理三废、新能源、节能环保、碳汇、低碳排放等与发展低碳经济有关的词句多达几十次。可见中国对低碳经济的重视程度。

以上资料可以使我们明白，"低碳经济"就是全方位的"节能减排经济"，就是创新式"新能源开发经济"，也就是全人类"生存文明经济"。归根到底，也是全人类社会可持续发展的经济。

　　本书将围绕"低碳经济"这个话题，探讨实现"低碳经济"的有效途径和方法，介绍新能源开发在科学技术上的可行性，提出存在的困难和问题。

　　本书编著中尽量采用现实社会生活中的事例、历史事件、科学发展故事，相关科学知识，从中引导出科学发展的原理，力求做到通俗易懂，给读者一些帮助。

能源生态双重危机与节能减排

　　人类文明发展史，实际上是一部地球资源开发和利用史，而能源开发又在资源开发中占有极其重要的地位。进入21世纪后，人们把能源、材料、信息和生物科技并称为现代文明四大支柱。其中现代能源开发又一直处在基础性重中之重的位置。世界各国都把它当成生存发展的必要条件。

　　伴随着能源开发，世界各地演绎出多少惊心动魄的战争掠夺和血腥厮杀。原因是作为地球自然资源的非再生矿物能源越来越少，且总有一天会耗尽，人类自身生存受到威胁。

　　从20世纪50年代开始，能源危机的阴影向人类逐渐逼近，以狰狞的面目挥舞死亡之剑。近半个世纪发生几次世界性能源危机，给世人留下痛苦的记忆。

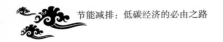

三次能源危机

到目前为止，世人公认的世界性能源危机有3次：

第一次能源危机：1973年，阿拉伯国家因为不满以美国为首的西方国家支持以色列，采取石油禁运而导致这场危机。美国生产总值下降14％，日本下降20％，工业国家经济发展都受到连带影响。形成战后资本主义世界最大的一次经济危机。

第二次能源危机：1978年，第二大石油出口国伊朗爆发革命，推翻了亲美的巴列维国王，与此同时引发两伊战争，使全球石油产量由每天580万桶下降到100万桶。油价从每桶13美元涨到34美元，从而引发第二次能源危机，西方经济又一次衰退。

第三次能源危机：导火线是1990年海湾战争。那年8月，伊拉克闪电般地占领邻国科威特，受到国际制裁。伊、科两国原油中断供应，国际油价急升到42美元一桶，美、英等西方国家经济随即衰退，使全球GDP增长跌破2％，迫使国际能源机构启动紧急计划，每天将250万桶储备原油投放市场。同时，以沙特为首的欧佩克产油国迅速增加产量，很快稳定市场。

纵观以上3次能源危机，可以得出这样的结论：

所谓能源危机，是指由于人为因素造成能源供应短缺，促使能源价格上涨过大，影响世界经济正常发展而形成的危机。

中国是一个经济发展最快的发展中国家，对石油的需求越来越大，将近50%的石油依赖进口。中东地区有点儿风吹草动，就会影响我国经济运转。我们必须用科学发展的眼光正视国际石油供应的严峻形势，建立独立自主的能源开发和贮备政策，保证我国经济健康发展。

现代生活离不开石油

石油是一种自然矿物资源，又称原油，是从地下深处开采出来的黑色和棕色黏稠液体。它是由古代海洋或湖泊中的生物经过漫长的演化形成的混合物，属于自然化石燃料。

石油的主要成分是由碳和氢化合形成烃类化合物，碳、氢含量占95%～98%。各种不同组分的碳氢化物种类达上千种。各种化合物的分子大小和沸点不同，可以应用分馏法把它们分离出来。

由下图可知，一次加工就可获得汽油、煤油、柴油、

燃料油等能源材料。这些都是国民经济所必需的。它的副产品"裂化气"里面，包含着大量有用的化工原料。为了合理地利用这些化工原料，又形成深加工工业——石油化工。

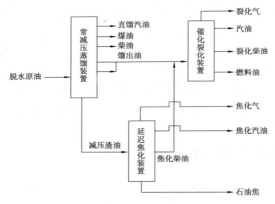

石油炼制一次加工流程图

石油化工的出现弥补自然资源的不足。它的最终产品中有三大人造有机材料：人造纤维、人造橡胶、人造塑料。它们改变世界物资供应短缺状况，大大地丰富和改善人们生活状况。石油化工还促进农业发展，由它生产的氮肥占世界化肥总量的80%。此外，农用塑料薄膜和新型建筑材料都离不开石油化工。

高科技发展更是离不开石化工业。航空航天用的以碳纤维为主的各种复合材料，使飞机和飞船重量大大减轻。高性能的烧蚀材料能保护飞船抵抗2000～3000℃高温安全返回。

今天的社会中，人们的衣、食、住、行，哪一样都离不开石油化工产品。石油成为国民经济和现代生活不可缺少的重要资源。

中国石油工业的发展道路

两千多年前，人类已经开始利用自然溢出的石油，用做燃料或点灯照明，逐渐扩大到润滑、医药、制墨和军事。古人最早把石油称作石漆、石淄油、硫黄油等。"石油"一词由宋代科学家沈括在《梦溪笔谈》中提出，并为后人广泛引用。在石油的勘探、开发和油品分离提炼上十分落后，近千年来几乎没有什么可记载的内容。不过，一千多年前有一项开采岩盐的钻井技术，开世界钻井技术的先河。

中国古代钻井技术曾领先国外近800年

享誉世界的四川省大英县"卓筒井"钻井技术，在岩石上打孔钻井制盐，发明于北宋庆历年间（1041~1048

世界上最早可旋转顿钻钻头

年），比西方早800多年。它包含先进钻井技术的一切基本要素。《中国科学技术史》《中国井盐科技史》中，都称其为"中国古代第五大发明"、"世界石油钻井之父"。

虽然历经千年，但其古老的工艺流程仍保存得相当完整。它的钻探技术，揭开人类开发贮存于地下深处的矿产资源的秘密，成为世界钻井技术的活化石。

19世纪前半叶，美国出现用蒸汽机为动力，通过传动装置来冲击钻井的顿钻，用于钻凿盐井。这是钻井技术的第一次革命。1859年，德雷克"上校"在美国宾夕法尼亚州钻成的世界第一口近代油井，用的就是这种顿钻。这口井很浅，只有21米。它比中国晚了800多年。在近代石油发展史上，中国落后发达国家几十年，就在外国石油巨头们耻笑中国贫油的时候，一位在国外的中国科学家发出呐喊。

李四光在石油勘探开发上的重大贡献

1915~1917年，美孚石油公司钻井队在中国陕北一带打了7口探井，花了300万美元，因收获不大走掉了。1922年，美国斯坦福大学教授布莱克威尔德来到中国调查地质，写了《中国和西伯利亚的石油资源》一文，下了"中国贫油"的结

李四光

论。从此，"中国贫油论"就在世界上流传开来。李四光根据自己对地质构造的研究，在1928年的论文中提出："美孚的失败，并不能证明中国没有油田。"他在《中国地质学》一书中，又一次提出：我国松辽平原、华北平原、江汉平原、东海、渤海、黄海、南海，都有重要经济价值的沉积物。这个沉积物就是石油。李四光以他的智慧和科学论断以及后来的实践，彻底推翻外国专家的错误论断，为中国石油开发利用打下基础。

李四光，1889年出生于湖北省黄冈县一个贫寒人家。他幼年就读于私塾，14岁告别父母，来到武昌报考高等

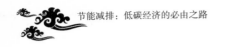

小学堂。

1904年，李四光因学习成绩优异被选派日本留学。1910年，李四光学成回国。武昌起义后，当选实业部部长。袁世凯上台后，革命党人受到排挤，李四光再次离开祖国，到英国伯明翰大学学习。1918年，获得硕士学位的李四光决意回国效力。

1920年，李四光应邀担任北京大学地质系教授、系主任；1928年，担任中央研究院地质研究所所长，后当选中国地质学会会长。他带领学生和研究人员跋山涉水，足迹遍布祖国的山川。他先后数次赴欧美讲学，参加学术会议，考察地质构造。抗战期间，李四光和研究所受尽奔波辗转之苦。那时，生活十分清苦，他和同事们没有放弃地质研究。

1948年2月初，李四光从上海启程赴伦敦，参加第18届国际地质学会。会后，他在英伦三岛住了1年，一面养病，一面观察时局发展。

1949年4月初，郭沫若根据周恩来的指示，给李四光带了一封信，请他早日回国。看了这封由郭沫若签名的信，李四光非常激动。新中国就要屹立于世界的东方，自己的本领可以施展，抱负可以实现了。

1950年5月6日，李四光终于到了北京。这一年他60岁，他觉得，新的生活刚刚开始。新中国的诞生，揭开了李四光科学事业崭新的一章。他担任中国科学院副院长、地质部部长和科联主席。开始了新中国的石油勘探开发事业。

第一个五年计划开端，由于帝国主义国家对我国全面封锁，我国急需寻找自己的油田。毛主席、周总理问李四光：我国天然石油远景怎么样？根据多年的研究结果和实践经验，李四光坚定地回答："我们国家地下的石油储量是很丰富。从东北平原起，通过渤海湾，到华北平原，再往南到两湖地区，可以做工作……"

1955年，普查队伍开往第一线。几年里，找到几百个可能的储油构造。1958年6月，喜讯传来：规模大、产量高的大庆油田被探明。接着，地质部把队伍转移到渤海湾和黄河下游的冲积平原。以后，大港油田、胜利油田，其他

大庆油田晚霞

油田相继建成。地质部又转移到其他平原、盆地和浅海海域继续作战。 1964年12月，周总理在第三届全国人民代表大会的《政府工作报告》中指出："第一个五年计划建设起来的大庆油田，是根据我国地质专家独创的石油地质理论进行勘探而发现的。"李四光的工作得到党和国家的充分肯定。从此，中国石油工业走上蓬勃发展的道路。

大庆油田油库

困难时期顶着气包过日子

由于帝国主义国家的封锁，新中国建立初期石油供应十分困难，一些大中城市公共汽车用的汽油供应不足，不得已改烧煤气。许多公共汽车顶着一只橡胶做的煤气包。运输卡车更是奇特，用钢板焊一座一人高的锅炉，用木柴不完全燃烧生成的一氧化碳来开动。尽管这些汽车形状怪异，不断发出"嘭嘭"的噪音，总算在短期内解决了运输问题。

北京长安街上顶着煤气包的公共汽车

科学决策　中国摘掉贫油帽子

1955年，中央政府及国家领导人听了科学家李四光等专家的意见，决定立足国内勘探开发中国自己的石油。

这次具有战略意义的决策，来源于国家领导人对科学知识和科学家的尊重，来源于虚心向科学家李四光等人请教，在掌握石油勘探开发的基本知识后，用科学发

肩扛人抬上井架

王进喜指挥打下第一口井

展观高瞻远瞩地做出英明的决定，给后人树立榜样。

　　那时候，全国各地各行各业掀起支援石油行业的热潮。中国石油工人在铁人王进喜带领下，徒步进入松辽平原的大草原中，在没有大型吊装设备的条件下，硬是用肩扛人抬的办法，把几十吨重的设备抬上钻井平台。1960年4月14日，新中国在后来被命名为"大庆油田"的地方打下第一口钻井。在第一口井喷出原油那一天，举国欢腾，中国终于甩掉了贫油的帽子。

接着，在华北、辽东、湖北相继开发的大油田，为我国经济稳定发展提供了保证。

归纳起来，新中国石油开发历程大致如下：

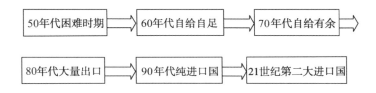

50年代困难时期 → 60年代自给自足 → 70年代自给有余 →

80年代大量出口 → 90年代纯进口国 → 21世纪第二大进口国

"煤改油"计划失策　能源危机逼近中国

20世纪70年代末，我国石油供给开始有一些节余。一些主管人员兴高采烈，满以为中国的石油满足国内需求还有多余。他们忽略一个重要因素，那就是由于向市场经济转型而引起的经济高速增长，从而带来对能源的强大需求。

大约在1980年前，我国主管经济和能源的某部门突然发文给全国各省、市经济主管部门，大意是，我国石油资源丰富，已生产的石油产品消化不了，要求各地尽快把烧煤的工业窑炉，包括炼钢平炉、铸造用冲天炉等

改成烧柴油、重油或渣油。

于是，全国各地大小厂矿闻风而动，不管有没有专用技术，纷纷上马。与此同时，主管部门又要求外贸部门加大原油出口，去换取外汇。但是好景不长，仅仅过了两年，80年代初，能源消耗成倍增长，石油产品供应逐渐紧张，各行各业纷纷告急。国产石油远远不能满足需求。主管部门又赶快发文：立即停止"煤改油"工程，把已经改的尽快改回来。

这样一折腾，经济损失无法计算。好在整改及时，才没把仅有的一点儿国产油给烧光了。国家为此付出沉重的代价。

究其原因，有人说是社会进步太快，计划跟不上变化。实际上还是管理思想迟钝和落后，主管人员缺乏必要的科学知识和科学发展观，缺乏全球能源战略思考和长远目标，造成我国能源史上一大败笔。

反观老牌石油大国美国，明明地下储存着大量石油，但是不开采，把大量油井封存起来，去夺取别国的石油，甚至不惜大打出手。为什么？因为它知道石油是不可再生能源，用一点儿少一点儿，总有一天会用光。现在乘国际石油供应充裕，大量储备，以备不时之需。就冲这一点，我们不能不佩服美国的精明。

幸运的是，近年来一批年轻有为的知识精英步入政坛。他们大部分具有大学本科以上水平，有的通过国外深造掌握发达国家能源管理理念。他们结合中国国情，提出许多合理可行的建议。

近年来，我国能源法颁布和能源白皮书公布，说明开始从国际能源战略的高度考虑能源发展方针政策。它必将引导我国各行各业在可持续发展道路上顺利前进。

我国节能减排　任重道远

近几十年来，在现代世界常规能源消耗中，中国拿了一个"能源浪费冠军"的头衔。根据国际能源权威部门统计，改革开放后的头20年，中国经济每增长1万美元国民生产总值，消耗能源数量是美国的4倍，法国的7倍，日本的14倍。打个比方，做一个烧饼，日本用1个煤球的热量，中国却要14个煤球。很明显，中国浪费了13个煤球的热量。同时，我国也夺得大气污染物排放第二名的称号，节能减排工作刻不容缓。

节能减排指的是减少能源浪费，降低废气排放。"十一五"规划纲要提出，"十一五"期间单位国内生产总值能耗降低20%左右，主要污染物排放总量减少10%。这是贯彻落实科学发展观、构建社会主义和谐社会的重大举措，是建设资源节约型、环境友好型社会的必然选择，也是我国对国际社会应该承担的责任。我们要充分认识节能减排工作的重要性和紧迫性。

过度排放带来温室效应

节能减排是中国可持续发展的必然选择

关于中国的能源家底，有一种说法是中国富煤、贫油、少气。实际上，煤炭资源虽然绝对数量庞大，但1800亿吨可采储量，只要除以13亿这个庞大的人口基数，人均资源占有量就会少得可怜。去年消费原油3.2亿吨，其中1.5亿吨来自进口。这就是说，即使将新发现的渤海湾大油田10亿吨储存全部开采，也仅够我国用3年。目前我国探明石油储量约60亿吨，仅够开采20年，刚好是世界平均40年的一半。我国节能的压力比世界上任何一个国家都要大。

我国不能像美国那样消耗能源。现在我国平均每人每年消耗石油200公斤，美国每人每年消耗3吨。2020年，中国15亿人口，如果像美国一样每人消耗3吨，每年需要45亿吨，去年世界石油产量只有40亿吨，全部给中国都不够。我们必须走一条中国式新兴工业化道路，建设资源节约型、环境友好型社会。

节能减排是应对资源减少与环境恶化的必然选择

近年来，我国资源环境问题日益突出，节能减排形势十分严峻。我国人均水资源占有量仅为世界平均水平的1/4，到2030年将成为世界上严重缺水的国家。我国石油、天然气人均占有储量只有世界平均水平的11%和4.5%，45种矿产资源人均占有量不到世界平均水平的一半。

目前，我国能源利用效率比国际先进水平低10个百分点左右，单位GDP能耗是世界平均水平的3倍左右。环境形势更加严峻，主要污染物排放量超过环境承载能力，流经城市的河段普遍污染，土壤污染面积扩大，水土流失严重，生态环境总体恶化趋势仍未根本扭转。发达国家上百年出现的环境问题，近20多年来在我国集中出现。因此，传统的高投入、高消耗、高排放、低效率的增长方式已经走到尽头。不加快转变经济发展方式，资源难以支撑，环境难以容纳，社会难以承受，科学发展难以实现。

节能减排是人类社会发展规律的必然选择

工业革命以来，世界各国尤其是西方国家经济飞速发展，是以大量消耗能源为代价的，造成生态环境日益恶化。有关研究表明，过去50年全球平均气温上升，90%以上与人类使用石油等燃料产生的温室气体增加有关，由此引发一系列生态危机。节约能源，保护生态环境，已成为全世界人民的广泛共识。保护生态环境，发达国家应该承担更多的责任。发展中国家也要发挥后发优势，避免走发达国家"先污染、后治理"的老路。对于我国来讲，进一步加强节能减排工作，既是对人类社会发展规律认识的不断深化，也是积极应对全球气候变化的迫切需要，是树立负责任大国形象，走新型工业化道路的战略选择。

中华民族优良传统不可忘

勤俭节约，艰苦奋斗，是中华民族的优良传统和美德。但是，在很长一个时期内，在很大一部分官员中，勤俭节约，似乎只是说说而已的美丽的谎言。无论在工作中、生活上，大手大脚惯了，铺张浪费惯了。所谓"再穷不能穷自己，再苦不能苦个人"，成了一些官员为官当政的"信条"。在这样的错误思想指导下，一些官员在社会经济发展上，往往不计成本，不论代价，为了在任期内追求个人业绩，常常以高污染换取低收入，以高能耗换取低产出，节能减排只是出现在口头上、文件中。

近年来，我国出台一系列节能减排政策和措施，有效地控制能耗水平。到2006年"十一五计划"开始，我国GDP能耗已经降到美国的3.43倍；日本的6.16倍。这是一个极大的成绩。与发达国家相比，仍然相差很远。也就是说，做一个烧饼仍然比日本多用5个煤球。可见我国节能潜力巨大，任务繁重。

向节能要能源　开发第五能源

节能本身蕴藏着巨大财富。国家发政委提出一个观点："向节能要能源，开发第五能源"。他们把"节约的能源"称作煤、油、气、水以外的"第五能源"，道出节能的重大意义。

把丢失的"煤球"找回来

是啊，把那浪费的"煤球"找回来，那将是一笔巨大的财富，又可减少大量污染物，何乐而不为？

2005年和2007年，全国人大先后通过《可再生能源法》和《节约能源法》，对推动全社会节约能源，提高能源利用效率，保护和改善环境，促进节能技术进步，以及激励措施和法律责任做出详细的规定。有了节能大法，还得各级领导共同遵守和落实执行，点点滴滴，一件一事从身边做起，才能把那"浪费掉的5个煤球"捡回来。中国载人飞船上天，"嫦娥1号"探月卫星圆满完成任务，还有什么困难能难倒节能减排工作？

我国"十一五"计划提出节能减排的目标，即到2010年在2005年基础上单位GDP能源消费降低20％，主要污染物下降10％。这一目标的提出具有非常重要的战略意义。2007年，我国一年能源消费总量达到26.5亿吨标煤，比2003年增长51％。4年中能源消费增加一半，生产总值并没有增加一半，这还了得！这种靠浪费能源换来的增长，是典型的败家子作风，不改变不行。中央明确提出，做好节能减排，必须切实转变发展观念，开创新的发展模式，走科技含量高、经济效益好的新型工业化道路，把资源消耗降低，环境污染减少，才有可能实现经济平稳较快增长。

其次，通过节能减排，我国能在应对全球气候变化方面做出重要贡献。作为人类社会面临的共同挑战，气候变化已经成为当前国际社会高度关注的问题。我国温室气体排放总量已接近世界第一排放大国美国，近年来更是呈高速增长趋势。同时，尽管我国人均排放大大低于发达国家，但已接近世界平均水平。节能减排作为实

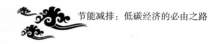

现经济发展和保护环境双赢的有效途径，不仅是我国自身可持续发展的内在要求，也是为全球减缓气候变化做出的重要贡献。

我国产业结构中工业耗能占能源总消费量的70%，大大高于世界各国1/3左右的平均水平。我国出口产品附加值较低，单位贸易额的能源消耗和排放均较高。随着贸易顺差快速增长，外贸进出口造成的"生态逆差"不断扩大：大量出口产品在国外消费，能源消耗和污染排放等环境影响却留在国内，这对我国能源的合理利用和环境保护带来很大压力。

到目前为止，情况的严重性，虽未达到饮鸩止渴的程度，但有慢性自杀的味道，不能不警惕。

为了实现"十一五"规划的节能减排目标，国家不仅出台一系列法律法规，健全节能减排的相关政策体系，而且投资十大节能工程，总计500余个项目。2008年4月1日实施的修改后的《节能法》，将节约资源作为基本国策。实行节能目标责任制和节能考核评价制度，将节能目标完成情况作为对地方政府及其负责人考核评价的内容，这一重要制度创新，有利于扭转一些地区、部门存在的片面追求经济增长的发展观和政绩观。

作为消费者，每个人都有责任从身边小事做起，选择可持续的生活方式和消费方式。消费者群体的行动将最终形成可持续消费与可持续生产之间相互促进的良性循环。

总之，促进节能减排是我国可持续发展面临的长期而艰巨的任务，面对国内和国际的双重压力，只有政府、企业、公众等全社会共同努力，才能积极地应对严峻的挑战，走出一条具有中国特色的可持续发展之路。

生态危机与低碳经济

地球"发烧"与"末日旅游"

由于温室效应，全球暖化，两极冰川、雪山和太平洋海岛危在旦夕……目前世界有十大濒危景点催生"末日旅游"。近期，英国报纸评出世界十大濒危景点，分别是南极洲、坦桑尼亚的非洲最高峰乞力马扎罗山、

地球在发烧

北极冰帽、马尔代夫、意大利水城威尼斯、美国阿拉斯加、澳洲大堡礁、奥地利的基茨比厄尔、加拉帕戈斯群岛及南美阿根廷的巴塔哥尼亚。不少旅行社纷纷建议出境游客趁机造访这些景点，赶在珍贵的自然景观消失之前看上最后一眼。于是，一种新的旅游项目——"末日景点旅游"开始悄然兴起。人们在休闲旅游同时，也承受着地球生态"末日"的悲哀。

1. "人间最后的乐园"马尔代夫将不复存在

马尔代夫由露出水面的大大小小千余个珊瑚岛组成。这里有蓝绿色的海水、洁白的沙滩和豪华的度假村酒店，被誉为印度洋上人间最后的乐园。该岛面临威胁是：海平面上涨，这个包含近一千多个小岛屿、被誉为"人间最后的乐园"的印度洋岛国将在100年内变得无法居住。

美丽的马尔代夫将被海水淹没

2009年10月，马尔代夫在海底召开内阁会议，呼吁国际社会关注全球气候暖化造成海水上升，威胁到马尔代夫的生死存亡。对平均海拔只有1.5米高的印度洋岛国马尔代夫来说，气候变化关乎它的生死。根据科学家最新发布的研究报告，如果全球变暖的趋势以目前的速度持续下去，那么这个印度洋岛国将在本世纪消失。

美丽的马尔代夫群岛之一

科学家预测，如果地球表面温度以现在的速度继续升高，到2050年，南北极的冰山、冰川将大幅度融化，导致海平面大大上升，除一些岛屿国家外，许多国家的沿海城市将可能淹没于水中，其中包括几个著名的国际

大城市，如纽约、东京、悉尼和上海等。

2. 北极冰盖在融化

北极地区的气候终年寒冷。冬季太阳始终在地平线以下，大海完全封冻结冰。夏季积雪融化，表层土解冻，植物生长开花，为驯鹿和麝牛等动物提供了食物。北极地区是世界上人口最稀少的地区之一。全球变暖导致了北极冰山和冰盖的消融，并严重威胁北极熊等"北极居民"的栖息地。

科学家们预计，地球"顶点"北极90度的冰川融化速度在加剧。还有报道说，到北极中心点附近旅游的人曾拍到海水湖泊的照片，这些都成为全球气候变暖危机最令人担忧的例证。但许多北极专家预测，北极冰川在近年夏天全部融化的可能性大于50％，因为北极地区那些多年前形成的非常厚重的冰层如今都已经融化或漂移了，剩下的都是一些"年龄"不到一岁的厚度非常薄的冰川，这些冰川在夏季非常脆

北极熊在失去家园

弱，而且卫星数据表明，它们去年的融化速度前所未有。

3. 澳大利亚的大堡礁将失去色彩

绵延于澳大利亚东北海岸线2000余千米的大堡礁是全球最大的活体珊瑚礁群、世界七大自然景观之一。这片丰富而宁静的海底生物乐园，1979年被辟为海洋公园，1981年被联合国教科文组织指定为世界遗产。珊瑚礁为世上唯一在本质上属于生物性的地形，由众多珊瑚虫所组成。全球变暖导致的水温上升令色彩斑斓的珊瑚礁群面临被"漂白"的危险。专家预言，到2050年，95%的活珊瑚礁将被杀死。

澳大利亚的大堡礁珊瑚礁将被杀死

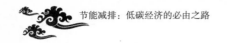

4. 南极大陆冰层融化的速度在加快

通过对卫星传感器收集的图像进行分析，科学家确认，在2005年，南极大陆西部的许多地区表层冰雪融化速度加快。这一现象不仅发生在海岸地区，还深入到距海岸900千米处接近南极点的地区。此外，融冰高度已达海拔2000米以上。这是目前为止通过卫星传感器首次发现的大规模冰层融化现象。科学家认为，冰层融化加快主要是由于气温升高所致。

冰川学家卡萨萨指出，南极冰层加速融化是受近几年全球变暖的直接影响。这种趋势如果继续下去，会导致冰层融化速度加快，造成冰川加速漂移等后果。

5. 冰雪如何影响气候

地球上冻成冰的水，并不只是进入冬季北方的几场降雪，也不仅仅是遥远的南极终年不化的冰层。事实上，自然界的固态水以不同形式存在于地球上，被统称为冰雪圈或冰冻圈。

冰雪圈虽是气候的产物，但一经生成，又对气候有重要的反馈作用。一是通过冰雪的反射率和冰川融化起作用，干净冰雪的反射率比土和水大得多，对大气运动起到冷却的作用，冰雪圈在融化时要吸收大量热能，每年到达地面的太阳能大约有30%消耗于冰雪圈中，这对以能量平衡为基础的气候模式有重要影响。二是通过水循环影响气候，当全球变暖时，冰川和冰盖融化促使海平面上升，海洋面积扩大，蒸发增加，由于海洋上水汽输送到陆地，使降水也相应增加，形成以洪灾为主的一系列灾害。

由此可以看出，地球的确在变暖甚至"发烧"。而造成这些的罪恶祸首就是促使地球变暖的温室效应。

温室效应的功与过

近几十年来，由于人口急剧增加，工业迅猛发展，煤炭、石油、天然气燃烧产生的二氧化碳，远远超过了过去的水平。而另一方面，由于对乱砍滥伐森林，大量农田建成城市和工厂，减少了将二氧化碳转化为有机物的条件。再加上地表水域逐渐缩小，降水量大大降低，减少了吸收溶解二氧化碳的条件，破坏了二氧化碳生成与转化的动态平衡，使大气中的二氧化碳含量逐年增加，从而形成温室效应。这就使地球气温发生了改变。地球在"发烧"已是不争的事实。要控制温室效应，就得先了解什么是温室效应？它曾为人类生存起过什么有益作用，现在又为什么成为全人类的敌人。

1. 什么是温室效应

温室效应，又称"花房效应"，是大气保温效应的俗称。大气能使太阳短波辐射到达地面，但地表向外放出的长波热辐射却被大气吸收，这样就使地表与低层大气温度增高，因其作用类似于栽培农作物的温室，

温室效应，又称"花房效应"

故名温室效应。如果大气不存在温室效应，地球表面平均温度是零下18摄氏度，而非现在的15摄氏度。反之，若温室效应不断加强，全球气温也必将持续升高。自工业革命以来，西方国家向大气中排入的二氧化碳等吸热性强的温室气体逐年增加，大气的温室效应也随之增强，近三十年，发展中国家工业发展迅速，能耗加大，温室效应失去平衡，引起了全世界各国的关注。

2．"温室"的特点

温室有两个特点：温度较室外高，不向外散热。生活中我们可以见到的玻璃花房和蔬菜大棚就是典型的温室。让太阳光能够直接照射进温室，加热室内空气，而玻璃或透明塑料薄膜又可以不让室内的热空气向外散发，使室内的温度保持高于外界的状态，以提供有利于植物快速生长的条件。

大气中二氧化碳在过去很长一段时期中，含量基本上保持恒定。处于"边增长、边消耗"的动态平衡状态。大气中的二氧化碳有一部分来自人和动植物的呼吸，有一部分来自燃料的燃烧。散布在大气中的二氧化碳有一部分被海洋、湖泊、河流等地面的水及空中降水吸收溶解于水中。还有一部分二氧化碳通过植物光合作用，转化为有机物质贮藏起来。这就是多年来大气中二氧化碳占空气成分始终保持不变的原因。

若大气中二氧化碳含量的增长，就使地球气温发生了改变。二氧化碳含量过高，就会使地球温度逐渐升高，这样，地球就变成一个"温室"。

3．温室效应的正面作用

众所周知，蔬菜大棚具有让阳光进入、阻止热量外

逸的功能，人们将此称之为"温室效应"。严格来说，在地球大气中，除存在二氧化碳还存在一些微量气体，如水蒸气、甲烷、一氧化碳、四氯化碳、二氧化硫、氨、氮的氧化物等，它们也有类似于蔬菜大棚的功能，即让太阳短波辐射自由通过，同时强烈吸收地面和空气放出的红外线长波辐射，从而造成近地层气温增加。我们称这些气体为温室气体，称它们的增温作用为温室效应。少量温室气体的存在和恰到好处的温室效应，对人类的生存是不可缺少的。要是没有温室气体，近地层的平均气温将达到零下18度，地球会变成一个寒冷的星球。可见，温室效应是地球生物生存所必需的！

4. 温室效应的负面作用

近几十年来由于全球人口大量增加、工业快速发展，火力发电量、石油用量、天然气用量和煤炭用量等大增，再加之大量森林被砍伐，有些草原由于放牧过度而产生退化，以及许多绿色植物用地被工业开发，尤其是养殖业的发展，会使牛羊等牲畜消化掉草类食物后，从口中喷吐出的甲烷这种超级温室气体，导致了地球大气中二氧化碳、甲烷、氟利昂、四氯化碳和二氧化硫等温室气体的增加。这是导致灾害性天气频繁发生的重要原因。

科学家预测，今后大气中二氧化碳每增加1倍，全球平均气温将上升1.5℃～4.5℃，而两极地区的气温升幅要比平均值高3倍左右。因此，气温升高不可避免地使极地冰层加快融解，引起海平面上升。如果海平面升高1米，直接受影响的人口约10亿，受影响的耕地约占世界耕地总量的1/3。一部分沿海城市可能要迁入内地，大部分沿海平原将发生盐渍化或沼泽化，不适于粮食生产。同时，当海水入侵后，会造成江水水位抬高，泥沙淤积加速，洪水威胁加剧，使江河下游的环境急剧恶化。

面对已经逐步到来的灾难，许多国家在颁布的环境保护法中增加了应注意减排温室气体的条款。较多的气象和环保方面的科技专家认为，只有全世界各国都重视减排温室气体，才能逐步稳定住地球大气中温室气体的含量，使地球各地的气候走上正常变化的轨道。

哥本哈根会议：拯救地球的最后机会？

冰川融化，海平面上升，沙尘暴来得比以往更猛烈，气候变化正在成为全世界都在关注的焦点问题。2009年12月7日，在丹麦首都哥本哈根，为期12天的联合国气候变化大会，是一次被人们称为"人类拯救地球的最后

机会"的大会。在开幕当天就火药味十足，有人戏称这个规模空前的国际气候大会将会是近200个国家争吵不休的大会，不同国家组成的利益集团，都为各自应该承担的责任辩论。尽管这样，最终还是达成一个初步框架协议。这说明全世界，不论富国、穷国，应对气候变化已成全球共识，哥本哈根会议成为拯救全球的契机。

1. 哥本哈根会议的由来

该次会议正式名称叫"《联合国气候变化框架公约》缔约方第15次会议"，每次会议都以会议地点作为简称。《联合国气候变化框架公约》是一个国际公约，于1992年9月在巴西里约热内卢召开的由世界各国政府首脑参加的联合国环境与发展会议上制定的。目的是控制温室气体的排放，以尽量延缓全球变暖效应。但没有对参加国规定具体要承担的义务，具体问题体现在以后的《京都议定书》中。

《联合国气候变化框架公约》制定有十多年了。在过去十几年里，1997年京都会议非常重要，京都会议是第一次用法律的形式给发达国家设立了一个温室气体减排的指标。但美国并没有签署《京都议定书》，因为当时美国是全球温室气体排放量最大的国家，所以从某种程度上来说,《京都议定书》实际上没有起到应有作用。

根据2007年在印尼巴厘岛举行的第13次缔约方会议通过的《巴厘岛路线图》的规定,2009年末在哥本哈根召开的第15次会议将努力通过一份新的《哥本哈根议定书》,以代替2012年即将到期的《京都议定书》。考虑到协议的实施操作环节所耗费的时间,如果《哥本哈根议定书》不能在2009年的缔约方会议上达成共识并获得通过,那么在2012年《京都议定书》第一承诺期到期后,全球将没有一个共同文件来约束温室气体的排放。会导致遏制全球变暖的行动遭到重大挫折。因此,此次会议被视为全人类联合遏制全球变暖行动一次很重要的努力。

自从总统奥巴马上台之后,美国对气候变化的态度有了一个很大的转变,发展中国家也开始越来越重视气候变化的问题。在这次哥本哈根会议上,气候变化已经变成了全球共识,越来越多的人对这个会议非常关注,所以被称为"拯救全球的最后机会"。

2. 中国在哥本哈根会议上表现突出

中国总理温家宝在大会上发表演说中指出:中国有13亿人口,人均国内生产总值刚刚超过3000美元,

按照联合国标准，还有1.5亿人生活在贫困线以下，发展经济、改善民生的任务十分艰巨。我国正处于工业化、城镇化快速发展的关键阶段，能源结构以煤为主，降低排放存在特殊困难。但是，我们始终把应对气候变化作为重要战略任务。1990至2005年，单位国内生产总值二氧化碳排放下降46％。在此基础上，我们又提出，到2020年单位国内生产总值二氧化碳排放比2005年下降40％～45％，在如此长时间内这样大规模降低二氧化碳排放，需要付出艰苦卓绝的努力。我们的减排目标将作为约束性指标纳入国民经济和社会发展的中长期规划，保证承诺的执行受到法律和舆论的监督。我们将进一步完善国内统计、监测、考核办法，改进减排信息的披露方式，增加透明度，积极开展国际交流、对话与合作。

温总理还特别强调了公平原则。指出："共同但有区别的责任"原则是国际合作应对气候变化的核心和基石，应当始终坚持。近代工业革命200年来，发达国家排放的二氧化碳占全球排放总量的80％。如果说二氧化碳排放是气候变化的直接原因，谁该承担主要责任就不言自明。无视历史责任，无视人均排放和各国的发展水平，要求近几十年才开始工业化、还有大量人口处于绝对贫困状态的发展中国家承担超出其应尽义务和能力范围的减排目标，是毫无道理的。发达国家如今已经过上富裕生活，但仍维持着远高于发展中国家的人均排放，且大多属于消费型排放；相比之下，发展中国家的排放主要是生存排放和国际转移排放。今天全球仍有24亿人以煤炭、木炭、秸秆为主要燃料，有16亿人没有用上电。应对气候变化必须在可持续发展的框架下统筹安排，决不能以延续发展中国家的贫穷和落后为代价。发达国家必须率先大幅量化减排并向发展中国家提供资金和技术支持，这是不可推卸的道义责任，也是必须履行的法律义务。发展中国家应根据本国国情，在发达国家资金和技术转让支持下，尽可能减缓温室气体排放，适应气候变化。

温总理的讲话获得大多数国家的称赞，表现了一个负责任的发展中大国对全球气候问题的高度责任。

由于中国代表积极与各方协商，有关各方就决议案文件达成一致。哥本哈根气候大会最后的结果，中国发挥了关键性作用。

中国的低碳经济道路

1.低碳经济将引导"第四次工业革命"

第一次工业革命的标志是蒸汽机，替代了手工劳动；第二次革命是电力，电力是传输能源，使能源生产规模化，成本降低；第三次工业革命是计算机和互联网；"第四次工业革命"则是新能源革命，就是防止不可再生能源枯竭，开发可再生新能源，防止气候变暖，走低碳经济发展道路。中国的经济发展基本上跳不出这个模式。只不过来得更快、更猛。

2.低碳经济对中国的挑战

在全球气候变暖的背景下，以低能耗、低污染为基础的"低碳经济"成为全球热点。欧美发达国家为了自身的环境和节能，大力推进以高能效、低排放为核心的"低碳革命"，着力发展"低碳技术"，并对产业、能源、技术等政策进行重大调整，以抢占先机和产业制高点。低碳经济的争夺战，已在全球悄然打响。这对中国，是压力，也是挑战。

挑战之一：工业化、城市化、现代化加快推进的中国，正处在能源需求快速增长阶段，大规模基础设施建设不可能停止。中国致力于改善和提高13亿人民的生活水平和生活质量,带来能源消费的持续增长。"高碳经济"特征突出的"高发展排放",成为中国可持续发展的一大制约。怎样既确保人民生活水平不断提升,又不重复西方发达国家以牺牲环境为代价谋发展的老路,是中国必须面对的难题。

挑战之二:"富煤、少气、缺油"的资源条件,决定了中国能源结构以煤为主,低碳能源资源的选择有限。电力中,水电占比只有20%左右,火电占比达77%以上,"高碳"占绝对的统治地位。据计算,每燃烧一吨煤炭会产生4.12吨的二氧化碳,比石油和天然气每吨多30%和70%。而据估算,未来20年中国能源部门电力投资将达1.8万亿美元。火电的大规模发展对环境的威胁,不可忽视。

挑战之三:中国经济的主体是第二产业,这决定了能源消费的主要部门是工业,而工业生产技术水平落后,又加重了中国经济的高碳特征。资料显示,1993~2005年,中国工业能源消费年均增长5.8%,工业能源消费占能源消费总量约70%。采掘、钢铁、建材水泥、电力等高耗能工业行业,2005年能源消费量占了工业能源消费的

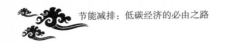

64.4％。调整经济结构，提升工业生产技术和能源利用水平，是一个重大课题。

挑战之四：作为发展中国家，中国经济由"高碳"向"低碳"转变的最大制约，是整体科技水平落后，技术研发能力有限。尽管《联合国气候变化框架公约》规定，发达国家有义务向发展中国家提供技术转让，但实际情况与之相去甚远，中国不得不主要依靠商业渠道引进。据估计，以2006年的GDP计算，中国由高碳经济向低碳经济转变，年需资金250亿美元。这样一个巨额投入，显然是尚不富裕的发展中中国的沉重负担。

3.中国低碳经济之路必须立足国情

我国能源专家认为，在发展低碳经济的过程中要立足中国国情，通过技术创新、节能减排、开发新型能源材料和技术等手段来达到高碳能源的低碳利用，新型能源替代利用。两者不可偏废。

首先，从中国国情出发，目前高碳能源煤的利用仍是主体。中央提出来的高碳能源低碳利用，需要通过技术创新达到这个要求。因此在新能源产业中，必须把清洁煤技术作为重要方向。

其次，应强调节能减排。传统产业和制造业仍然是产业结构中的主体，虽然中国在调整产业结构，但是不能把传统产业和制造业全部从中砍掉，或者抑制其发展。节能减排对于当前的制造业来讲，仍然是一个重要的任务。中国的低碳经济包含了工业、建筑和交通等行业的节能。

第三，是开发新能源与可再生清洁能源，这既可缓解环境压力，又可增加新能源储备。包括核能的开发和利用，太阳能、风能的开发和利用，海洋能和可燃冰的开发和利用。

最后，我国低碳经济发展的道路，应该探索的是一条既能够有效保护生态环境，又能使经济得到科学发展的道路，使人们的生活和需求得到满足的发展道路。现在低碳经济提供了一个可持续发展和环境协调发展的新的发展道路。中国将继续努力，在节能减排和新能源材料与技术开发上下工夫，开创低碳经济的光辉未来。

核电迎来发展机遇

有人把"核能"比做"魔鬼"，因为核能具有巨大无比的力量，释放时，瞬间会毁灭整座城市，杀死所有生灵。"二战"以前，科学家并不知道它的作用有多大；只知道，自然界的核能一直被封闭在小小的原子核中，千万年来，它一直无所作为。但是，科学家早就预测这种能量一旦释放，将会给人类带来毁灭性灾难。

好像阿拉伯神话"一千零一夜"中讲的"瓶子中的魔鬼"的故事，一旦瓶子中的魔鬼释放出来，世界将不得安宁。一个聪明的孩子又把魔鬼骗进瓶子，迫使魔鬼老老实实地听他的话，去完成孩子交给的任务。

"二战"后期，核能这个"魔鬼"已被释放出来了，两颗原子弹在日本爆炸，显示无比的威力。怎样才能把核能这个"魔鬼"装进特制的"瓶子"里，让它老老实实地为人类服务呢？科学家为此动了许多脑筋。尽管这个"魔鬼"有时会跑出来，伤害人类，但最终还是被科学家牢牢地锁在特制的牢不可破的"瓶子"中。看了下面的内容，你就会觉得，人类降服核能"魔鬼"的道路是多么艰难、曲折和有趣。你也一定会相信：要降服"魔鬼"，就得比"魔鬼"更聪明。

核能与核电

我们知道，把核能变成核电，是利用核能的最佳途径。核电由来已久，属于新能源，"二战"以后与煤电、水电一起构成世界电能的三大支柱。它为世界能源发展做出重大贡献。由于它有许多不可替代的优点，近年很多国家上马核电项目，特别是新兴的发展中国家，把发展能源的目标转向核电。在60多座正在兴建或立项的核电站中，有2/3在亚洲；到2030年，全球核电市场比例有望从现在的16%提高至27%。

核电实际上是一种高科技替代能源。目前全世界已有201家核电厂，共有442座正在运作的核反应堆机组，分布在31个国家。其中，排在前3位的美国、法国、日本，分别拥有104、58和55座反应堆机组，占了全球反应堆

美国第一颗原子弹试爆

机组总数的半壁江山。在欧洲，核电比重达到34％，其中法国核电最多，占总发电量的80％。像比利时这样的弹丸小国，人口比北京还少，只有1050万，竟有2座核电厂。专家认为，核能是解决能源危机最为现实最为快捷的手段之一，到2030年，全世界将有600座新的核电站投入使用。

核能与战争

技术是把双刃剑，它可以给人类带来灾难，也可以造福人类。核技术的发展，从一开始就和战争联系在一起。中国核技术的发展从一开始就和反对国外核讹诈联系在一起。

什么是"两弹一星"？ 许多人把"两弹一星"解释为原子弹、氢弹与人造地球卫星。这是误解。其实，"两弹一星"最初是指原子弹、导弹和人造卫星。"两弹"中的一弹是指原子弹，后来演变成原子弹和氢弹的合称，也可叫做"核弹"；另一弹指的是导弹，当时我国领导人认为，为了反击帝国主义国家的核威胁，我国必须具有快速反击核力量，因而在研制原子弹同时，必须开展导弹研制。"一星"则是指人造地球卫星。

20世纪五六十年代，对于我国来说，是极不寻常的时期，当时面对严峻的国际形势，为抵制帝国主义的武力威胁和核讹诈，果断地做出独立自主研制"两弹一星"的战略决策。大批优秀的科技工作者，包括许多在国外有杰出成就的科学家，怀着对新中国的满腔热爱，响应党和国家的召唤，义无反顾地投身到这一神圣而伟大的事业中来。

他们和参与"两弹一星"研制工作的干部、工人、解放军指战员一起，在经济、技术基础薄弱和工作条件十分艰苦的情况下，自力更生，发愤图强，完全依靠自己的力量，用较少的投入和较短的时间，突破了原子弹、导弹、氢弹和人造地球卫星等尖端技术，取得举世瞩目的辉煌成就。他们为我国国防核军事力量的建立及民用核能源的发展，打下坚实的基础。

曼哈顿工程与"原子弹之父"

"二战"前夕，德国科学家已开始注意原子武器研制。为了先于纳粹德国制造出原子弹，美国于1942年6月开始实施利用核裂变反应来研制原子弹的计划，亦称"曼哈顿工程"。该工程集中当时西方国家最优秀的核科学家，动员53万多人，历时3年，耗资25亿美元。因为管理总部设在纽约曼哈顿岛，故整个核研究计划取名为"曼哈顿工程"。

美国第一颗原子弹

曼哈顿工程的目标是造出原子弹,要实现这个目标,有大量的理论和工程技术问题需要解决。为了使原子弹研究计划顺利完成,根据奥本海默的建议,军事当局决定成立一个新的快中子反应和原子弹结构研究基地,这就是后来闻名于世的"洛斯阿拉莫斯实验室"。奥本海默被任命为洛斯阿拉莫斯实验室主任。正是由于这样一个至关重要的任命,使他日后赢得美国"原子弹之父"的称号。

为了保密,在曼哈顿工程区工作的15万人中,只有12个人知道全盘计划。每个人心里都明白,他们在进行一项史无前例的大工程。通过3年艰苦努力,许多技术与工程问题得到解决。1945年7月15日凌晨5点30分,世界上第一颗原子弹"胖子"试验成功。8月6日和9日,美国分别在日本的广岛和长崎投下原子弹。这是人类首次使用核弹。它瞬间释放的巨大能量,彻底摧毁这两座城市,每座城市死亡十几万人。日

奥本海默

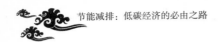

本天皇于14日宣布无条件投降，第二次世界大战结束。

1946年7月，在原子弹研制成功1周年之际，美国参众两院通过一项议案，这就是《1946年原子能法令》。它宣布美国新的原子能委员会成立。它标志着美国战时核计划结束和新的过渡时期开始。这个法令成为和平时期美国原子能发展的纲领。从此开始了继续发展军事核打击力量和开展民用核能利用并重的新时代。

投向日本广岛的原子弹火球

爆炸中心的工业实业展览馆

中国核计划与"原子弹之父"

美国著名核物理学家罗伯特·奥本海默，因主持研制第一颗原子弹的"曼哈顿工程"而被誉为"美国原子弹之父"。中国也有一位"原子弹之父"，那就是钱三强。

钱三强于1913年10月16日出生于浙江绍兴，是新文化运动时期著名语言文字学家钱玄同之子。1932年考入清华大学物理系。1936年毕业后，进入北平研究院物理研究所工作，不久考上公费留法研究生。

发现原子核"三裂变"

1937年夏，钱三强来到声名显赫的巴黎大学镭学研究所居里实验室。这时，居里夫人已经去世，实验室工作由她的女儿伊莱娜·居里和女婿约里奥·居里主持，他们正在向刚刚发展起来的前沿科学——原子核物理进军。钱三强有幸成为伊莱娜的弟子，他的博士学业被安排在居里研究室和法兰西学院原子核化学实验室同时进行。他勤奋好学，将整个身心融入原子世界，于1940年获得法国国家博士学位。

此后，法国遭德国进攻而沦陷，钱三强未能如愿返

回祖国，继续在巴黎两家
实验室从事原子核物理
和放射化学研究，于
1944年出任法国国家
科学研究中心研究员。
利用优越的科研条件，他
与外国科学家合作，在量子力

钱三强

学等领域取得重要进展。他与同班同学何泽慧（后来成
为妻子）及两个法国研究生一起，发现原子核在中子打
击下不仅可以一分为二，而且可以分裂为三乃至四（即
三分裂、四分裂）。这项研究成果在1947年经约里奥·
居里实验室公布后，引起轰动，被认为是"二战"后居

青年时期的钱三强与妻子何泽慧

058

里实验室和法兰西学院原子核化学实验室第一个重要成果。由于成就突出，钱三强获得法国国家科学院优厚的德巴微物理学奖金，还被提升为该院研究中心的导师。在中国留法学者中，只有钱三强获得了这样重要的学术职位。因此，曾有媒体把钱三强、何泽慧夫妇称为"中国的居里夫妇"。

小居里夫妇与钱三强

回国施展抱负

令人羡慕的职位和丰厚的待遇，并不能减轻钱三强对祖国的思念，他执意要回中国施展抱负。1948年4月，钱三强到导师家中告别。伊莱娜送给他最珍贵的礼物——一些放射性元素和相关数据，以备将来之需，同时给他一篇临别赠言："要为科学服务，科学要为人民服务。"面对凝聚着半生心血和汗水的厚礼，钱三强不禁动容。两个月后，钱三强夫妇携半岁的女儿回到祖国，出任清华大学教授，同时负责组建北平研究院原子学研究所。

新中国成立后，钱三强积极参加中国科学院组建和调整，先后主持中科院计划局和近代物理研究所工作。1955年，中共中央做出研制原子弹的战略决定后，钱三强担任原子能研究所所长、第二机械工业部副部长，全身心投入原子能事业中。他想方设法吸引海内外人才，仅仅几年时间，就有一大批有学术造诣和奉献精神的核科学技术专家，从西方和国内大学研究单位来到原子能研究所。中科院原子能研究所成为我国第一个核科学技术研究基地。

自力更生　从头做起

1959年6月，苏联单方面终止与中国的核合作研究，并撤走全部专家。次年，毛泽东号召中国人民，"自己动手，从头做起，准备用8年时间拿出自己的原子弹"。

作为新中国核武器研制主要组织者，钱三强为了国家利益，甘心忍辱负重，放弃个人继续有所成就的想法。他所考虑的，是如何"调兵遣将"，将最好的科学家放在最重要、最能发挥作用的岗位。

中国第一颗原子弹爆炸　　　　　中国第一颗氢弹爆炸

钱三强以敏锐的目光，运筹帷幄，调王淦昌、彭桓武和郭永怀到核武器研究院任副院长兼第二、第四和第三技术委员会主任——他们后来都成为研制"两弹"的带头人；将邓稼先推荐到核武器研究院担任领导工作——我国先后进行的30多次核试验中，有一半是他担任现场指挥……人员配置妥当后，钱三强开始了解研制情况，掌握工程进度，组织技术攻关。1964年和1967年，我国原子弹、氢弹先后试验成功。1992年6月28日，钱

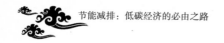

三强因心脏病突发逝世。他身后留下一支原子能事业的精英队伍和中国原子能事业的巍峨大厦。

法国总统为什么愤怒

中国氢弹研发揭秘——法国总统拍桌子

如果说我国原子弹成功，部分借鉴苏联的经验，有苏联专家帮助的成分，那么，氢弹的成功则是在外界对我国绝对保密的情况下，白手起家创造的奇迹。当年，原子弹爆炸后，氢弹研制就提上议事日程。1964年10月16日，我国第一颗原子弹爆炸成功后，中国拿到核大国俱乐部"入场券"。但氢弹的研制，无论在理论上还是制造技术上都比原子弹更为复杂。跟原子弹相比，氢弹绝不仅仅是量的突破，而是质的变化，是原理的突破。中国人以全世界最快的速度完成从原子弹到氢弹的突破。中国第一颗原子弹爆炸成功后，周总理提出要求：力争于1968年进行氢弹装置试验。中国科学家出人意料地将时间提前了。美国从爆炸第一颗原子弹到爆炸第一颗氢弹，用了7年零3个月，英国用了4年零7个月，苏联是6年零3个月，法国是8年零6个月，中国只用了2

年零8个月。当时,这一速度在全世界引起轰动。为什么中国搞得这么快,这在世界科技界成了一个谜。

中国是世界上第五个拥有原子弹的国家,氢弹却抢在法国前面,成为世界第四。中国爆炸第一颗氢弹的消息传到法国后,法国科学界和政界感到十分惊诧。戴高乐总统大发雷霆。他把原子能总署的官员和主要科学家叫到他的办公室,拍着桌子质问:为什么法国的氢弹迟迟搞不出来,而让中国人抢在前面了?在场的人无言以对。因为谁也无法解释中国这么快研制出氢弹的原因。

我国氢弹研制成功是在外界对我国施行技术封锁和技术绝对保密的情况下,独立研发、白手起家创造出来

中国氢弹爆炸的蘑菇云

的奇迹。这和中央领导的决心和决策分不开。毛泽东要求"原子弹要有，氢弹也要快"。一个"快"字，使我们赢得时间。另外，全世界都不得不承认，中国人真是聪明。虽然我国综合国力尚不强，中国科学家的头脑却毫不逊色。王淦昌、于敏、郭永怀等一批顶尖科学家，纷纷回国并汇聚到核武器研制工作中来。还有一批30岁左右的专家，他们是邓稼先、朱光亚、周光召、欧阳予……后来成为中国核工业的栋梁和功臣。有的成了科技界领导人才。

核弹的能量来自何处

"二战"后期，由于长期战争消耗，日本已显得力量不足，但凭着武士道精神仍然困兽犹斗，拒绝劝降。在中国依然烧杀抢掠，在亚洲战场继续负隅顽抗。不得已，美国在日本广岛和长崎先后投下两颗原子弹，一次爆炸就能摧毁整座城市，消灭十几万人，最后迫使日本天皇宣布无条件投降。后来科学家又研制氢弹，爆炸能量是原子弹的几千倍。

我们知道，原子弹利用原子核裂变反应释放出大量能量。核装药一般为铀 –235、钚 –239。这些物质的原子核在热中子轰击下，分裂为两个或若干个裂片和若干个中子，同时释放巨大能量。新产生的中子又去轰击其他原子核，如此连续发展下去，核分裂的数量就会急剧增加，形成链式反应，在百分之几秒内猛烈爆炸，释放出非常大的能量。1公斤铀释放的能量相当于2万吨梯恩梯炸药爆炸时释放的能量，相当于2500吨标准煤燃烧的能量。

原子弹装药分为两块，每块都小于起爆的临界质量，因此平时不会发生核反应。当引爆装置点燃普通炸药时，将两块装药推挤到一起，整体质量便大于临界质量，在中子轰击下，产生原子核裂变链式反应，随即出现核爆

原子弹结构图

炸。目前原子弹的威力可达到几万吨到几百万吨梯恩梯当量。

氢弹是利用氢原子核聚合成较重原子核过程中释放出大量能量的原理制成的核武器。这种核聚变反应要在数千万度高温和超高压条件下进行，单位质量所释放出来的能量一般为核裂变反应的4倍以上，能产生更大的破坏作用，通常又称这种聚变反应为热核反应。原子核越轻，所带电荷越少，产生聚变反应所需能量也越低。因此，一般都用氢的同位素氘、氚和氚化锂等物质作为核装药，故将这种核武器称为氢弹。

氢弹爆炸产生巨大能量

氢弹的结构比原子弹复杂得多，它要装一个小型原子弹做引爆装置。小原子弹引爆后释放出中子流，并形成超高温、超高压环境。中子流与热核材料作用，使氘和氚原子核结合成氦原子核，并释放出巨大能量和新的中子，继而产生新的聚变反应，如此连续发展下去，直至产生热核爆炸。由于热核材料不受临界质量限制，氢弹可以制成比原子弹威力大得多的核武器。现代氢弹威力可以做到几万吨、几百万吨和几千万吨梯恩梯当量。

氢弹结构图

锁住"魔鬼"的核反应装置

原子弹、氢弹有如此大的能量，能否用来为人类服务呢？"二战"后，科学家一直为此努力，目的是把核

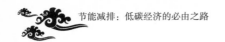

爆炸反应变成可控的，用其巨大能量为人类服务。

> 原子弹——以铀和钚为原料——核裂变反应
> ——可控核裂变——原子能发电站
> 氢　弹——以氘和氚为原料——核聚变反应
> ——可控核聚变——核聚变发电站

从上表可见受控核反应的简单流程，实际上是把发电厂的燃煤、燃油锅炉改成原子锅炉。其他工序的装置与一般火力发电厂基本一样。

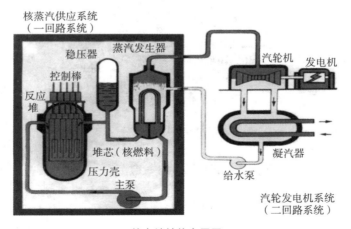

核电站结构布置图

什么是原子核、同位素、核反应

1.原子及原子核

世界上一切物质都是由带正电的原子核和绕原子核旋转的带负电的电子构成的。原子核包括质子和中子，质子数决定该原子属于何 氢原子结构图 种元素，原子的质量数等于质子数和中子数之和。如一个铀–235原子是由原子核（由92个质子和143个中子组成）和92个电子构成的。如果把原子看做地球，那么，原子核就相当于一只乒乓球大小。虽然原子核的体积很小，在一定条件下却能释放惊人的能量。

2.同位素

质子数相同而中子数不同，或者说原子序数相同而原子质量数不同的一些原子，被称为同位素。它们在化学元素周期表上占据同一个位置。简单地说，同位素就是指某个元素的各种原子，它们具有相同的化学性质。按质量不同通常可以分为重同位素和轻同位素。也可以说，同位素同属于某一化学元素，其原子具有相同数目的电子和质子，却有不同数目的中子。例如氕、氘和氚，原子核中都有1个质子，但是它们的原子核中分别有0个中子，1个中子及2个中子，所以它们互为同位素。就好像三兄弟，小弟弟氕身体最轻，身体（原子核）内只有一个质子，原子核外只有一个电子旋转。老二体内多了一个中子，体重增加1倍，老大体内多了两个中子，体重增加两倍。

具体说，氢同位素如下：

自然界中以1H（氕，H），2H（氘，D），3H（氚，T）3种同位素的形式存在。

氕〈名〉piē（念作撇，符号H）。原子质量为1，普通的轻氢同位素。它是氢的主要成分。我们通常说的氢气就是这种成分。

氘〈名〉dāo（念作刀，符号D）。原子质量为2，是普通轻氢的2倍，又称"重氢"，少量地存在于天然水中，用于核反应。

氚〈名〉chuān（念作川，符号T）。原子质量为3，即"超重氢"。具有放射性。自然界中存在极微，从核反应制得。主要用于热核反应。

3. 铀的同位素

铀是自然界原子序数最大的元素。天然铀的同位素主要是铀-238和铀-235，它们所占比例分别为99.3%和0.7%。除此之外，自然界还有微量的铀-234。铀-235原子核完全裂变放出的能量是同量煤完全燃烧放出能量的27万倍。

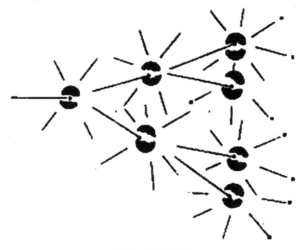

核裂变链式反应

4. 重核裂变——原子弹链式反应

重核裂变，是指一个重原子核分裂成两个或多个中等原子量的原子核，引起链式反应，从而释放巨大能量。例如，当用一个中子轰击铀-235的原子核时，它就会分

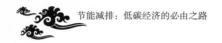

裂成两个质量较小的原子核,同时产生2～3个中子和β、γ等射线,并释放出约200兆电子伏特的能量。如果再有一个新产生的中子去轰击另一个铀–235原子核,便引起新的裂变。以此类推,裂变反应不断地持续下去,从而形成裂变链式反应,与此同时,核能连续不断地释放出来。

5. 轻核聚变——氢弹聚变反应

所谓轻核聚变,是指在高温高压下氢核同位素氘核与氚核结合成氦,释放出大量能量的过程,也称热核反应。它是取得核能的重要途径之一。由于原子核间有很强的静电排斥力,因此在一般的温度和压力下,很难发生聚变反应。而在太阳等恒星内部,压力和温度极高,就使得轻核有了足够的动能克服静电斥力而发生持续的聚变。

氢弹是利用氘、氚原子核的聚变反应瞬间释放巨大能量这一原理制成的,但它释放能量有着不可控性,所以有时造成极大的杀伤破坏作用。目前正在研制的"受控热核聚变反应装置"也是应用轻核聚变原理,由于这种热核反应是人工控制的,可用做能源。

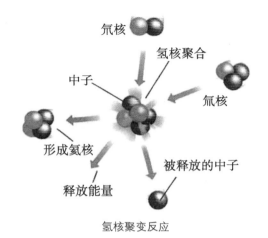

氚核

氢核聚合

中子

氘核

形成氦核

释放能量

被释放的中子

氢核聚变反应

6. 可控核反应发电站——核电站

与火电厂相比，核电站是非常清洁的能源，不直接排放有害物质，也不会造成"温室效应"，能改善环境质量，保护人类赖以生存的生态环境。

世界上核电国家多年统计资料表明，虽然核电站投资高于燃煤电厂，但是，尽管核燃料成本远远低于燃煤成本，然而核燃料反应所释放的能量却远远高于化石燃料燃烧所释放的能量，而且核燃料来源较广，这就使得核电站总发电成本低于烧煤电厂。

7. 核能是可持续发展的能源

据估计，世界上核裂变的主要燃料铀的储量为490万吨。这些裂变燃料足可以用到聚变能时代到来。核聚变的燃料是氘和氚，1升海水能提取30毫克氘，在聚变反应中产生约等于300升汽油的能量，即"1升海水约等于300升汽油"。地球上海水中有40多万亿吨氘，足够人类使用百亿年。氚是从锂元素分裂而来，地球上锂储量2000多亿吨。锂可用来制造氚，地球上能够用于核聚变的氘和氚的数量，可供人类使用上千亿年。太阳已经燃烧了50亿年，专家测算还能燃烧50亿年。有关能源专家认为，如果解决了核聚变技术，人类将从根本上解决能源问题，直到太阳系毁灭。

中国新建核电站

固若金汤的核锅炉技术

利用中核裂变所释放出的热能进行发电的方式，与火力发电极其相似，只是以核锅炉（核反应堆及蒸汽发生器）代替火力发电的锅炉，以核裂变能代替矿物燃料的化学能。

核裂变反应堆，常用的是轻水堆型和沸水堆型两种。轻水堆型动力堆都是一回路的专用中间介质冷却剂，通过堆芯加热，在蒸汽发生器中将热量传给二回路或三回路的水，然后形成蒸汽，推动汽轮发电机。沸水堆型则是一回路的冷却水，直接通过堆芯加热，变成70个大气压左右的饱和蒸汽，经汽水分离并干燥后，直接推动汽

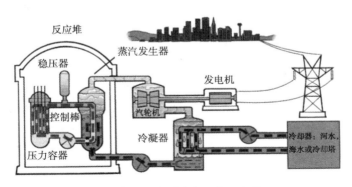

核锅炉与蒸汽发电机组运行示意图

轮发电机。

这样，我们就明白了，核能发电是利用铀燃料进行核分裂连锁反应所产生的热，将水加热成高温高压水蒸气推动汽轮发电机发电，所放出的热量较燃烧化石燃料所放出的能量要高很多，前者是后者的百万倍，需要的燃料体积是火力电厂的千万分之一。

核能发电　千难万险

核能发电的历史与动力堆的发展历史密切相关。动力堆的发展，最初出于军事需要。1954年，苏联建成世界上第一座装机容量为5兆瓦的核电站——奥布宁斯克核电站。

接着，英、美等国相继建成各种类型的核电站。到1960年，有5个国家建成20座核电站，装机容量1279兆瓦。由于核浓缩技术的发展，到1966年，核能发电成本已低于火力发电。核能发电迈入实用阶段。

1978年，全世界22个国家和地区正在运行的30兆瓦以上的核电站反应堆达200多座，总装机容量107776兆瓦。20世纪80年代，因化石能源短缺日益突出，核能发电的进展更快。到1991年，全世界近30个国家和

核电站对周边环境并无影响

日本核电站旁有孩子玩耍

地区建成的核电机组为423套，总容量为3.275亿千瓦，其发电量占全世界总发电量的约16%。

中国内地核电起步较晚，20世纪80年代才动工兴

建核电站。中国自行设计建造的30万千瓦（电）秦山核电站于1991年底投入运行。大亚湾核电站于1987年开工，1994年全部并网发电。新世纪开始，我国陆续建设了一批核电站，但总量只是发达国家一个零头。

世界核资源够用多少年

地球上有比较丰富的核资源，核燃料有铀、钍、氘、锂、硼等等，世界上铀的储量约为417万吨。地球上可供开发的核燃料资源，提供的能量是矿石燃料的十多万倍。核能应用作为缓和世界能源危机的一种经济有效的措施，具有许多优点。

其一是核燃料体积小而能量大。核能比化学能大几百万倍；1000克铀释放的能量相当于2400吨标准煤释放的能量；一座100万千瓦烧煤电站，每年需原煤300万～400万吨，运这些煤需要2760列火车，相当于每天8列火车，还要运走4000万吨灰渣。

同功率的压水堆核电站，一年仅耗铀含量为3%的低浓缩铀燃料28吨，半个车皮就能运走。核燃料成本低，每一磅铀的成本约为20美元，换算成1千瓦发电经费是0.001美元左右，和传统发电成本比较，便宜许多。由于核燃料运输量小，核电站可建在最需要的工业区附近。核电站基本建设投资一般是同等火电站的 1～2 倍，核燃料费用却比煤便宜得多，运行维修费用也比火电站少。

其二是污染少。火电站不断地向大气里排放二氧化硫和氧化氮等有害物质，同时煤里的少量铀、钛和镭等放射性物质，也会随着烟尘飘落到火电站周围，污染环境，带给周围居民以毒害，相当于慢性自杀。而核电站设置了层层屏障，基本上不排放污染环境的物质，即使放射性污染，也比烧煤电站少得多。据统计，核电站正常运行的时候，一年给居民带来的放射性影响，还不到一次 X 光透视所受剂量。

其三是安全性强。从第一座核电站建成以来，全世界投入运行的核电站达 400 多座，30 多年来基本上是安全正常的。虽然有 1979 年美国三哩岛压水堆核电站事故和 1986 年苏联切尔诺贝利石墨沸水堆核电站事故，但这两次事故都是人为因素造成的。随着压水堆进一步改进，核电站会变得更加安全。

中国核电急起猛追

近两年来，由于国民经济持续快速增长，电力包括煤炭、石油等能源开始出现十几年前中国经济起飞时期的瓶颈制约征兆。随着中国经济的增长，作为主要动力的电力，预计到2020年装机总量将达到8亿～9亿千瓦左右，如全部用煤，必须新增12亿吨以上，目前中国每年煤炭发电排放的二氧化硫已达810万吨，由此将给资源、采掘、运输及环境带来难以承受之重。

在这种情况下，中国迫切需要寻找一种经济、高效的新能源。而风电、太阳能发电、潮汐发电等各类新能源，至今尚未解决大规模生产电力及经济性问题。目前，能大规模生产电力的方式唯有核电。因此，加快发展核电，成为解决中国电力供应问题的必然选择。

秦山核电站　中国之光荣

秦山核电站是中国自行设计建造的30万千瓦原型压水堆核电站，已有十多年安全运行的良好业绩，被誉为"中国之光荣"。在此基础上的秦山二期核电站为我国核电自主化事业进一步发展奠定坚实的基础。秦山三期核电站是中国和加拿大合作建造的我国第一座重水堆核电站。

20年来，中国核电发展进展显著，但距世界水平仍有很大的差距。目前全球核电占电能的比重平均为17%，已有17个国家核电在本国发电量中的比重超过25%。中国核发电量占总量却不到2%，远不到世界平

秦山核电站

大亚湾核电站

均水平，更低于法国、美国85％和30％的水平。长远来看，中国核能发电潜力巨大。根据规划，到2020年，中国核电装机比重将从目前的1.6％上升到4％左右，核电装机容量将达到3600万千瓦。这个速度相当于每年建一座"大亚湾"。它将有效地解决资源及环境问题，产生良好的社会效益。

2008年，中国核能发电行业实现累计工业总产值，比上年同期增长5.13％；实现累计利润总额105亿元，比上年同期增长78.86％。这是巨大的成绩。

中国目前建成和在建核电站总装机容量为870万千

连云港田湾核电站

瓦，国家发展改革委员会正在制定我国核电发展民用工业规划，2020年电力总装机容量预计为9亿千瓦时，核电将占电力总容量的4%，即核电2020年将为3600万～4000万千瓦。也就是说，到2020年，中国将建成40座相当于大亚湾那样的百万千瓦级核电站。

我国核电站建设及分布

已经建成的6座：广东大亚湾核电站、浙江秦山第一核电站、广东岭澳核电站、浙江秦安第二核电站、浙江第三核电站、江苏连云港田湾核电站。

正在建设和将开工的5座：辽宁瓦房店核电站、广东阳江核电站、浙江台州三门核电站、山东海阳核电站、广东岭澳核电站二期工程。有人说21世纪，世界核电的希望在亚洲，亚洲核电的希望在中国，此话一点儿不假。

别让"魔鬼"跑出来——核安全问题探讨

苏联切尔诺贝利核事故

历史上发生过的核泄漏事故，都造成相当的危害。最严重的一次，要数1986年发生在苏联的切尔诺贝利核泄漏事故。

1986年4月26日，对于切尔诺贝利核电站来说是个悲剧性日子。凌晨1点23分，两声沉闷的爆炸声打破宁静，一条30多米高的火柱掀开反应堆外壳，冲向天空，高达2000℃的烈焰吞噬着机房，熔化了粗大的钢架。携带着高放射性物质的水蒸气和尘埃随着浓烟升腾、弥漫，遮天蔽日。事故发生6分钟后，消防人员赶到现场，但强烈的热辐射使人难以靠近。

这场事故当场造成28人死亡，使很多人受到放射性物质污染。据报道，到目前，已有近千人死于这次事故

爆炸后室内破坏情况

的核污染。尽管这些报道有些言过其实，但正是这种危害性，使得许多人"谈核色变"。

在许多国家，"反对派"激烈的抗议和阻挠，使核电事业发展放慢了脚步。但事故并非人们想象的那样严重，乌克兰核事故和日本美滨核电站事故都是由于安全检查体制出现漏洞，工作人员玩忽职守造成的。现在，核工业已经高度自动化，只要严格按照管理规定操作，重视安全工作，这样的问题是不会发生的。

爆炸后室外破坏情况

美国三哩岛核电事故

　　三哩岛核泄漏事故通常简称"三哩岛事件"，是1979年3月28日发生在美国宾夕法尼亚州萨斯奎哈河三哩岛核电站的一次严重放射性物质泄漏事故。三哩岛压水堆核电站堆芯熔毁，反应堆大部分元件烧毁，一部分放射性物质外泄。事故持续了36小时，给人们留下终生难忘的印象。

　　三哩岛核事故是美国最严重的核事故。然而事故对环境和居民都没有造成危害和伤亡，也没有发现明显的

美国三哩岛核电站

放射性影响。三哩岛的核反应堆外面有护罩，当核燃料熔毁时，还有第三重保护系统。它会自动地紧急抽注大量冷却水，灌注入护罩内，将护罩内部淹没。故三哩岛核事故虽是最严重的核燃料熔毁事故，但其放射能外泄量实际上微不足道。在事故过程中，运行人员始终没有察觉堆芯损坏和放射性物质泄漏。应该说，这是一起管理不严、工作疏忽造成的严重事故。

泄漏事故造成核电站二号堆严重损毁，直接经济损失10亿美元。

三哩岛核泄漏事故本身虽然严重，但未造成严重后果，究其原因在于"围阻体"发挥了重要作用，凸现了其作为核电站最后一道安全防线的重要作用；在整个事件中，运行人员错误操作和机械故障是重要的原因。这次事故提示，对核电站运行人员必须严格培训，提高应对紧急事件的能力，采用更先进的控制系统和自动化保护装置，这些对核电站的安全运行有着重要作用。

核电的安全性究竟怎样

核能与其他能源相比，安全性到底怎样？严格地说，应该从资源开采到电厂燃烧能源材料后发出电来，整个过程中进行比较。例如，煤作为一种传统自然能源，开采过程事故不断，运输路程遥远且量大，每年因煤矿事故死伤人数成千上万。相对来说，核电燃料开采、运输到发电，整个过程安全得多。

核电厂在设计时，就决定了它不会像原子弹一样爆炸。原子弹是由高浓度的裂变物质铀-235或钚-239和复杂而精密的引爆系统所组成的。两块燃料分开存放，只有通过引爆系统把裂变物质压紧在一起，瞬时形成剧烈的不受控制的链式裂变反应，释放出巨大的核能，才会产生核爆炸。核电站反应堆的结构与原子弹完全不同。反应堆大都采用低浓度裂变物质做燃料，这些燃料分散布置在反应堆内，在任何情况下，都不会像原子弹那样将核燃料压紧在一起而爆炸。

另外，即使发生过几次事故，历史仍然可以证明核电是安全的能源。自1957年美国第一座核电站运行以来，已累计运行1万多堆年，其间发生过两次严重事故，只有一次有放射性物质逸出，造成污染和人员伤亡。事实上，自切尔诺贝利和三哩岛两次核事故后，各核电国家加强了安全措施，加上核电技术的改进和成熟，核电站运行更加安全可靠了。

自1984年中国建造第一座核电站开始，国家对核安全的重视就从未松懈过，制定了一套完整的核安全监督管理体系。中国核安全局在4个地区建有监督站，对所有运行或在建核电站实行24小时现场监督。20年来，国家投入大量人力物力进行研发。这是核安全得到保障的重要基础。

中国"人造太阳"引发世界冲击波

最近几年，世界各国能源界都在关心一件事，就是中国造出了一个"人造太阳"。其性能世界领先，为世界未来的清洁能源发展提供了基础——这就是中科院等离子物理研究所经过8年艰苦奋斗建造成的全超导的托卡马克试验装置。所谓试验装置，就是说它还

中国的"人造小太阳"托卡马克剖面图

不是真正的可发电的核聚变电站，它的重大意义在于为未来可实用的真正"人造太阳"提供物理原理和技术工艺方面的可行性。

亿万年来，地球上万物靠着太阳源源不断的能量维持自身发展。在太阳的中心，温度高达1500万℃，气压达到3000多亿个大气压。在这种高温高压条件下，氢原子核聚变成氦原子核，并释放出大量能量。几十亿年来，太阳犹如一个巨大的核聚变反应装置，无休止地释放着能量。"二战"以后，科学家模拟太阳中的核爆炸反应，研制出氢弹。其巨大的能量，足以把城市从地球上抹去。正因为这种魔鬼般的力量，才扼制了氢弹的使用。

此后，科学家又想方设法控制这种反应，让它的巨大能量能安全平稳地为人类服务，于是就有了托卡马克装置。近60多年来，世界上研制成各种各样的托卡马克装置100多台，都因为技术难题太多，离实用型样机太远。苏联科学家在20世纪50年代初率先提出磁约束概念，并在1954年建成第一个磁约束装置——形如中空面包圈的环形容器"托卡马克"，又称环流器。

中国托卡马克装置世界领先

2006年8月28日，中科院合肥物质科学研究院等离子体所自行设计、研制的世界上第一个"全超导非圆截面托卡马克核聚变实验装置"（英文缩写为EAST），在进行的首轮物理放电实验过程中，成功获得电流超过200千安、时间接近3秒的高温等离子体放电。这标志着世界上新一代超导托卡马克核聚变实验装置正式投入运行，综合性能比国外先进，使我国核聚变研究迈出一大步。国际聚变顾问委员会给出评价："EAST是世界聚变核能开发的杰出成就和重要里程碑。"

该所承担的EAST全超导托卡马克实验装置，是国家"九五大科学工程"。2000年10月正式获准开工建设，于2005年底完成主机总装以及各分系统研制和安装工作。

EAST的科学目标是通过实验研究，为未来建造稳态、高效、安全的实用化托卡马克类型的聚变反应堆，提供工程技术和物理基础。该装置集全超导和非圆截面两大特点于一身，且具有主动冷却结构。它能产生稳态的、具有先进运行模式的等离子体，国际上尚无成功建造的先例。

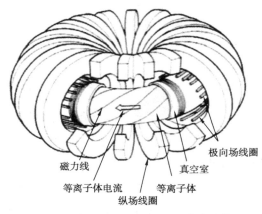

极向场线圈
磁力线
真空室
等离子体电流
等离子体
纵场线圈

世界上第一个中国制造全超导磁约束结构

科技人员自主研发、加工、制造、组装、调试的EAST装置的关键部件——超导磁体，以及国内最大的2千瓦液氦低温制冷系统，总功率达到数十兆瓦的直流整流电源，国内最大的超导磁体测试设备等重要子系统，全部达到或超过设计要求。与国际同类装置相比，EAST使用资金最少，建设速度最快，投入运行最早，投入运行后最快获得首次等离子体。

我国这个全超导核聚变实验装置，从内到外由5层部件构成，最内层的环行磁容器像一只巨大的"游泳圈"；进入实验状态后，"游泳圈"内部将达到上亿摄

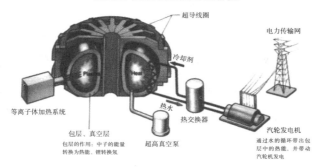

以超导托卡马克聚变堆为基础的未来聚变能电站

超导线圈

电力传输网

冷却剂

等离子体加热系统

热水

热交换器

包层、真空层

包层的作用：中子的能量转换为热能、锂转换氚

超高真空泵

汽轮发电机

通过水的循环带出包层中的热能，并带动汽轮机发电

中国的"人造小太阳"原理图

氏度高温，这是模拟太阳聚变反应的关键部位。

中国的"人造小太阳"

太阳上的聚变反应是不可控的，为了让这种能量为人类所用，需要将能量释放过程变成一个稳定、持续并且可控的过程。EAST正是起着这一作用，通过磁力线的作用，氢的同位素等离子体被约束在"游泳圈"式磁场中，发生高密度的碰撞，形成核聚变反应，产生巨大的能量。为人们寻找更洁净、更可靠、更长久的能源带来希望。

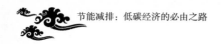

核聚变燃料能保证供应吗

核聚变消耗的燃料是世界上十分常见的东西——氘，也就是重氢。仅仅有氘还是不够的，尽管用两个氘可以产生氘-氘反应，它也是氢核聚变的主要形式，但人类现有条件下，根本无法控制氘-氘反应。它太猛烈了，所需要的温度要高得多，除了在实验室条件下一次性实验外，很难让它链式反应下去——那是氢弹一样的威力。还好，人们发现氘-氚反应的烈度要小得多，它的反应速度仅仅是氘-氘反应的1/100，点火温度反倒低得多，适合人类现有条件下利用。

地球上几乎没有氚　怎么聚变

难题出现了，氚不同于氘，地球上几乎没有，现在人类拥有的氚都是人工制造而非天然提取的。人们通常是用重水反应堆在发电之余人工制造少量的氚——它是地球上最贵的东西之一。1克氚价值超过30万美元。这么贵的原料，显然是无法接受的。幸好，上帝又给人类提供了一种好东西——锂，锂的2种同位素在被中子轰击之后，就会裂变，其产物都是氚和氦。目前为止，人类在重水堆中制造氚，用的就是将锂靶件植入反应堆的方法。

其实在核聚变时，氘和氚反应后，除了形成一个氦原子核之外，还有一个多余的中子，并且能量很高，正好可以用来轰击锂靶，又产生氚，使反应继续进行。

这下好了，我们只需要在核聚变的反应体内保持一定比例的锂原子核浓度，那么，核聚变产生的中子就会轰击锂核，促使锂核裂变，产生一个新的氚，这个氚则继续参与氘-氚反应，继而产生新的中子，链式反应形成了。所以，理论上我们只需要给反应堆提供两种原料——氘和锂，就能实现氘-氚反应，并且维持进行。

这两种原料比较容易取得。氘在海水中的含量比较高，通过蒸馏法取得重水，然后再电解重水，就能得到。锂的资源总量虽然不如氘多，但是更容易取得。一方面，海水中含足够的氯化锂，分离出来即可；另一方面，碳酸锂矿不是稀有资源，更容易获得。

可以想象，到那时，人类所需要的一次性替代能源——核能将是无穷尽的，不会为可持续发展而操心，不会为能源短缺发生军事等冲突，最重要的是不会因为使用化石燃料及其他燃料污染环境。人类将永远解决能源供应问题了。这个美好的梦估计要2050年前后实现。

人造太阳永不落

热核聚变原理

"人造太阳"，就是模仿太阳时刻都在发生的核聚变。核聚变就是两个原子核相聚、碰撞，结合成一个新的原子核的过程。氢的两个同位素——氘和氚的原子核聚合在一起，生成一个氦原子核，同时释放一个中子。根据爱因斯坦著名的质能方程式 $E=mc^2$，质量亏损意味着能量释放——两个氢同位素聚变大约能够释放17.6兆电子伏特的能量。

从20世纪50年代中后期到70年代末，各国对核聚变多途径的研究，完成了"原理性探索"；70年代末，苏联专家制造的托卡马克装置成为磁约束聚变的主流，国际核聚变研究集中到托卡马克装置的研发和实验。美国、欧洲、日本相继建立装置，进行实验。我国由中科院物理所研制出首台装置CT—6。然而，托卡马克建堆需要3个要素：高温度、高密度和足够的能量约束时间。直到20世纪90年代，才逐渐接近或达到这3个要素，核聚变发电的可行性得到证实。

1938年，德国科学家贝特·魏茨泽克推测太阳能源可能来自它的内部氢核聚变成氦核的热核反应，这甚至早于核裂变模型的提出。然而，与能够在室温下进行的裂变不同，聚变发生需要巨大能量。因为当两个带正电的氢原子核靠近的时候，根据"同性相斥"原理，相互间的斥力巨大，将阻碍聚变的发生。

如何克服阻碍

克服核聚变的阻碍，只有两种途径，即强大的引力，或上亿度高温。太阳的质量是1989亿亿亿吨，约为地球质量的33万倍。在强大引力场的作用下，太阳的中心温度达到1500万℃，即使表面温度只有5000℃，也能够支持核聚变持续发生。然而，地球上并不具有这样强大的引力场。因此，要想在地球上实现核聚变，只能依靠上亿度的高温。

这带来新的麻烦，如此高温下，核聚变燃料就成为等离子体。所谓等离子体，是在固体、液体和气体以外的第四态物质形态。在等离子体状态下，物质微粒的运行更难以捉摸。实现可控的核聚变,必须约束这些"乱跑"的等离子体。那么,怎样在高温下约束等离子体运行?

20世纪40年代末，苏联科学家提出"磁约束"概念，即通过强大的磁场形成封闭的环绕形磁力线，让等离子体沿磁力线运行。磁体通电后会产生巨大磁场，将等离子体揽在怀中做高速螺旋运动，就好像链球运动员一样，虽然球在围着身体高速旋转，控制球的绳子却一直抓在手里。根据这一原理，苏联科学家于1954年制造了第一个"环形磁约束容器"装置——托卡马克。

低温超导磁体显神通

约束这些能量巨大的等离子体，必须有强大的磁场，而强大的磁场需要强大的电流。根据电学原理，常态下材料都有电阻，强大的电流遇到电阻会产生巨大的热量，把磁体烧毁。事实上，以往的核聚变实验装置，大多因为这一过程产生大量热量而只能脉冲运行，并且耗电巨大。怎样避免这一缺陷？

1912年，荷兰物理学家开默林·昂内斯偶然间发现，他的水银样品在低温4.25 K（零下269.8℃）左右时电阻消失；接着，他又发现铅、锡等金属也有这样的现象。他将这种现象称为超导电性。这一发现，开辟崭新的物理领域，它可以解决可控核聚变装置中磁体发热问题。

日本超导磁悬浮列车

　　我们知道，常用的超导磁体是由铌钛超导线缠绕而成，它必须浸泡在 -270℃左右的液氦中，才能变成超导体。由于超低温下超导体导线中没有电阻，可以通入极大的电流，产生极大的磁场，导体不会发热。日本40年前研制成的超导磁悬浮列车，就是用这种超导磁体的强大磁场排斥力，使列车浮在轨道上快速前进。这是大型超导磁体应用的第一个范例。但是，由于低温超导体成本太高，以及某些技术环节上的问题，日本磁悬浮列车一直没有投入商业运行。

　　现在，在超导应用技术中，中国科学家走在前列，不仅完成了北京正负离子对撞机超导磁体改造，而且在中国的人造小太阳装置上成功地应用低温超导技术，为

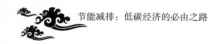

参与国际热核聚变装置研制提供保证。在ITER项目中，超导技术是中国的强项，也是主要贡献之一。在超导技术应用下的磁约束装置，将使"人造太阳"给我们带来稳定、安全、持续的能源。

为了能源　空前的国际大合作

"国际热核聚变实验堆"计划

1985年，作为结束冷战的标志性行动之一，苏联领导人戈尔巴乔夫和美国总统里根在日内瓦峰会上倡议，由美、苏、欧、日共同启动"国际热核聚变实验堆（ITER）"计划。ITER计划的目标，是建造一个可以控制的托卡马克核聚变实验堆，以便对未来聚变示范堆及商用聚变堆的物理和工程问题做深入探索。

最初，该计划仅确定由美、俄、欧、日四方参加，独立于联合国原子能委员会（IAEA）之外，总部分设美、日、欧三处。由于科学和技术条件还不成熟，四方科技人员于1996年提出的ITER初步设计很不合理，要求投资上百亿美元。1998年，美国出于政治原因及国内纷争，以加强基础研究为名，宣布退出ITER计划。欧、日、俄三方则继续坚持合作。2001年，欧、日、俄联合工作组完成ITER装置新的工程设计（EDA）及主要部件研制，预计建造费用为50亿美元（1998年价），建造期8～10年，运行期20年。其后，三方分别组织独立的审查，都认为设计合理，基本上可以接受。

2002年，欧、日、俄三方以EDA为基础开始协商ITER计划的国际协议及相应国际组织的建立，并表示欢迎中国与美国参加ITER计划。中国于2003年1月初宣布参加协商，美国在1月末由布什总统宣布重新参加ITER计划，韩国在2005年被接受参加ITER计划协商。以上六方于2005年6月签订协议，一致同意把ITER建在法国南部城市卡达拉舍市的法国核技术研究中心，从而结束了激烈的"选址大战"。印度于2006年加入ITER协商。最终，7个成员国政府于2006年5月25日草签建设ITER协定。

ITER总投资100亿美元

ITER投资总额为100亿美元，欧盟中的法国贡献50%，美、日、俄、中、韩、印各贡献约10%。根据协议，中国贡献中的70%以上由我国制造所约定的ITER部件

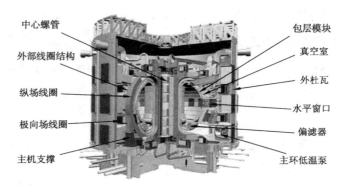

中心螺管

外部线圈结构

纵场线圈

极向场线圈

主机支撑

包层模块

真空室

外杜瓦

水平窗口

偏滤器

主环低温泵

国际热核实验堆ITER装置示意图

折算，10%由我国派出所需合格人员折算，需支付国际组织的外汇不到2%。

作为聚变能实验堆，ITER要把上亿度、由氘氚组成的高温等离子体约束在体积达837立方米的"磁笼"中，产生50万千瓦的聚变功率，持续时间达500秒。50万千瓦热功率相当于一座小型热电站的水平。这将是人类第一次在地球上获得持续的、有大量核聚变反应的高温等离子体，产生接近电站规模的受控聚变能。

ITER的建设、运行和实验研究

ITER实验研究是人类发展聚变能的必要一步，有可能直接决定真正聚变示范电站（DEMO）的设计和建设，进而促进商用聚变电站的更快实现。

ITER装置是一个能产生大规模核聚变反应的超导托卡马克。其中心是高温氘氚等离子体环，其中存在15兆安的等离子体电流，核聚变反应功率达50万千瓦。包层外是巨大的环形真空室。下侧有偏滤器与真空室相连，可排出废气。真空室位于16个大型超导环向场线圈（即纵场线圈）中。

环向超导磁体将产生5.3特斯拉的环向强磁场，是装置的关键部件之一，价值超过12亿美元。

穿过环的中心是一个巨大的超导线圈筒（中心螺管），在环向场线圈外侧还布有6个大型环向超导线圈，

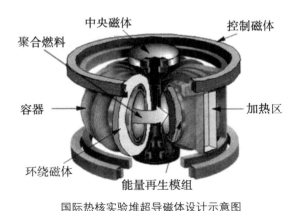

国际热核实验堆超导磁体设计示意图

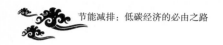

即极向场线圈。中心螺管和极向场线圈的作用是产生等离子体电流，控制等离子体位形。

上述系统整个被罩于一个大的低温保温装置（又称杜瓦）中，坐落于底座上，构成实验堆本体。整个体系还包括供电系统、氚工厂、供水（包括去离子水）系统、高真空系统、超导磁体及液氦低温系统等。ITER本体内所有可能的调整和维修，都是通过远程控制的机器人或机械手完成。

国际核聚变堆超导磁体由中国承担

1998年等离子体物理研究所EAST（全超导非圆截面核聚变实验装置）工程立项之后，希望独立建造一个全超导的托卡马克装置。当时，外国同行不相信中国用2000万美元能完成这样的任务。国外研究者们曾以"高傲的姿态"谈论中国技术，私下里将中国的计划称为"Paper Work"（纸上谈兵）。2003年中国加入ITER谈判时，国际方面专门派出一流的专家团对中国的核聚变研究能力做评估，参观组装部件和计划之后，评价说，"中国有能力进行超导托卡马克的研究"。

现在中国承担整个任务的12个部分。在96个采购包中，核心部分主要是超导磁体技术、中子屏蔽技术、交直流变流器和高压设备。中国在这些部分都有自己的作为，分别承担：铌钛超导导体69%的项目，全部大型超导校正场磁体，全部超导馈线系统，40%的屏蔽块，以及10%的第一壁材料，62%的变流器和全部高压设备等。我国首次在国际大型合作项目中承担如此多的核心技术研发。中国科学家在高科技领域显露智慧和本领。

我们相信，通过国际社会通力合作，也许不用再等50年，人类将会真正降服核聚变这个"魔鬼"，制造出实用化"人造太阳"，使它在地球上冉冉升起，造福全人类。

太阳能取之不尽

石油价格暴涨影响世界各国经济的正常运转，人们急于寻找可以替代石油的能源，于是有了替代能源的概念。狭义的替代能源仅仅指一切可以替代石油的能源，广义的替代能源是指可以替代目前使用的石化燃料（包括石油、天然气和煤炭）的能源。替代能源包括可再生能源和新能源，其中主要指太阳能、核能、风能、海洋能等。

"老天爷"的恩赐——太阳能

太阳，自古以来，人们把它当做神顶礼膜拜，因为它带给人类光明和温暖。千百年来，人们用多少诗和歌来赞美它、颂扬它。进入21世纪，由于能源短缺，人们开始想到太阳的巨大能量。

太阳是离地球最近的一颗恒星，是太阳系的中心天体，它的质量占太阳系总质量的99.865％。太阳也是太阳系里唯一发光的天体。它给地球不断地带来光和热。如果没有太阳光的照射，地面的温度会很快地降低到接近绝对零度。由于太阳光的照射，地面平均温度保持在14℃左右，形成人类和绝大部分生物生存的条件。

太阳是一个主要由氢和氦组成的炽热的气体火球，半径96×105 km（是地球半径的109倍），质量约为地球质量的33万倍，平均密度约为地球的1/4。太阳表面的有效温度为

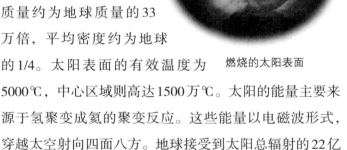

燃烧的太阳表面

5000℃，中心区域则高达1500万℃。太阳的能量主要来源于氢聚变成氦的聚变反应。这些能量以电磁波形式，穿越太空射向四面八方。地球接受到太阳总辐射的22亿分之一，其能量相当于全世界发电量的几十万倍。

可以说，太阳的能量是取之不尽、用之不竭的。太阳能还以其储量的"无限性"，存在的普遍性，开发利

用的清洁性，以及逐渐显露出的经济性等优势，受到广泛重视。其开发利用是最终解决能源短缺、环境污染和温室效应等问题的有效途径，是人类理想的替代能源。

人类对太阳能的利用有着悠久的历史。我国早在2000多年前的战国时期，就知道利用钢制四面镜聚焦太阳光来点火，利用太阳能干燥农副产品。

两千多年前的古希腊，出了一个伟大的数学家及科学家——阿基米得。他在众多科学领域做出突出贡献，赢得同时代人的高度尊敬；同时，他又是世界上第一个利用太阳能作为武器，大败敌军的天才。

传说事情发生在公元前215年，古罗马帝国派出强大的海军，在马塞拉斯率领下，乘战舰攻打古希腊名城叙拉古。

阿基米得

小小的叙拉古城，怎能抵挡来势汹汹的古罗马大军。当罗马舰队浩浩荡荡攻城时，国王和百姓都着了慌。人们把希望寄托于居住在岛上的阿基米得身上。当时，年过古稀的阿基米得，虽然没有绝世的武功，却有聪明的头脑。人们请求阿基米得运用他的非凡智慧，找到败敌之术。

留着大胡子的阿基米得，这位科学巨匠深知太阳能的威力。他挺身而出，发动全城妇女拿着锃亮的铜镜来到海岸边。在烈日下，阿基米得拿起一面镜子，让它反射的太阳光恰好射到敌舰的帆上，高喊："让镜子的反射光照到这里！"不计其数的妇女学着阿基米得的样子，一起用镜子把太阳光集中反射到船帆上。顿时，敌舰起火，不可一世的罗马海军大败而归。物理学家阿基米得利用凹面镜的聚光作用，把阳光集中到一点，烧毁罗马战船，取得胜利。这是人类利用太阳能的创新和实验。

随着时代发展，到现代，太阳能利用日益广泛。它包括太阳能的光热利用，太阳能的光电利用和太阳能的光化学利用等。

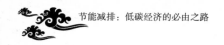

太阳能开发利用的优点和难点

太阳能开发的优点

1. 储量的"无限性"

太阳能是取之不尽的可再生能源，可利用量巨大。一年内到达地球表面的太阳能总量，是目前世界主要能源探明储量的1万倍。太阳的寿命至少有40亿年，相对于人类历史来说，源源不断供给地球能量的时间可以说是无限的。相对于常规能源的有限性，太阳能具有储量的"无限性"，取之不尽，用之不竭。开发利用太阳能，将是人类解决常规能源匮乏、枯竭的最有效途径。

2. 存在的普遍性

由于纬度不同，气候条件差异，造成太阳能辐射不均匀，但相对其他能源来说，太阳能对于地球上绝大多数地区具有存在的普遍性，可就地取用，无须开采和运输，没有所有权限制，为常规能源缺乏的国家和地区就地解决能源问题提供美好前景。

3. 利用的清洁性

太阳能像风能、潮汐能等洁净能源一样，几乎不产生任何污染，是理想的替代能源。

太阳给人类带来光和热

4. 利用的经济性

一是太阳能取之不尽，用之不竭，接收太阳能时不征收任何"税"，可以随地取用；二是在目前的技术发展水平下，有些太阳能利用已具经济性。如太阳能热水器一次投入较高，但使用过程不耗能，具有很强的竞争力。随着技术突破，太阳能利用的经济性将会更明显。

太阳能开发利用的难点

1. 分散性

利用太阳能发电时，需要一套面积巨大的能追捕太阳光的收集和转换设备，造价较高，占地面积较大，一般选择沙漠等空旷地方，给输电和维修带来一定困难。

111

2. 不稳定性

晴、阴、云、雨等随机因素的影响，给太阳能的大规模应用增加难度。蓄能是太阳能利用中较为薄弱的环节之一。若能做到晴天蓄能阴天用，就会大大促进太阳能开发利用工作。

3. 效率低和成本高

太阳能利用装置，因为转换效率偏低，成本较高，还不能与常规能源竞争，进一步发展受到制约。

世界太阳能发展道路坎坷

石油危机——太阳能的机遇

自从石油在世界能源结构中担当主角之后，石油就成了左右经济和决定一个国家发展和衰退的关键因素。1973年10月爆发中东战争，石油输出国组织采取石油减产、提价等办法，支持中东人民的斗争，维护本国利益，使那些依靠从中东地区大量进口廉价石油的国家遭到沉重打击。于是，西方一些人惊呼：世界发生"能源危机"（有的称"石油危机"）。这次"危机"使人们认识到：现有能源结构必须彻底改变，应加速向未来能源结构过渡。许多国家，尤其是工业发达国家，重新加强对太阳能及其他可再生能源技术发展的支持，在世界上再次兴起开发利用太阳能热潮。

1973年，美国制订政府级阳光发电计划，太阳能研究经费大幅度增长，成立太阳能开发银行，促进太阳能产品商业化。日本在1974年公布政府"阳光计划"，其中太阳能研究开发项目有：太阳房、工业太阳能系统、太阳热发电、太阳电池生产系统、分散型和大型光伏发电系统等。为实施这一计划，日本政府投入大量人力、物力和财力。

70年代初世界上出现的开发利用太阳能热潮，对我国产生巨大影响。一些有远见的科技人员纷纷投身太阳能事业，积极向政府有关部门提建议，出书办刊，介绍太阳能利用动态，推广应用太阳灶，研制开发太阳能热水器。

1975年，在河南安阳召开"全国第一次太阳能利用工作经验交流大会"，进一步推动我国太阳能事业。这次会议之后，太阳能研究和推广工作纳入政府计划，获得专项经费和物资支持。一些大学和科研院所，纷纷设立太阳能课题组和研究室，有的地方筹建太阳能研究所。

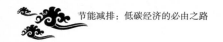

各国制订的太阳能发展计划，普遍存在要求过高、过急问题，对实施过程中的困难估计不足，希望在较短时间内取代矿物能源，实现大规模利用太阳能。例如，美国曾计划在1985年建造一座小型太阳能示范卫星电站，1995年建成一座500万千瓦空间太阳能电站。这一计划后来调整，空间太阳能电站至今还未升空。

比较实用的太阳热水器、太阳电池等产品开始实现商业化，太阳能产业初步建立，但规模较小，经济效益尚低。

石油降价严重打击太阳能开发积极性

20世纪70年代兴起的开发利用太阳能热潮，进入80年代后不久开始落潮，逐渐进入低谷。世界上许多国家相继大幅度削减太阳能研究经费，其中美国最为突出。导致这种现象的主要原因是：世界石油价格大幅度回落，而太阳能产品价格居高不下，缺乏竞争力；太阳能技术没有重大突破，提高效率和降低成本的目标没有实现，以致动摇一些人开发利用太阳能的信心；核电发展较快，对太阳能发展起到一定的抑制作用。

受80年代国际太阳能低落的影响，我国太阳能研究工作一度削弱。有人甚至提出，太阳能利用投资大，效果差，贮能难，占地广，是未来能源，外国研究成功后，我国可以引进技术。持这种观点的人是少数，但十分有害，对我国太阳能事业发展造成不良影响。这一阶段，太阳能开发研究经费大幅度削减，但研究工作并未中断，有的项目进展较大，而且促使人们认真地审视以往的计划和目标，调整工作重点，争取以较少的投入取得较大的成果。

谁来拯救地球 拯救人类

由于温室效应，地球在发烧。由于大量燃烧矿物能源，造成全球性环境污染和生态破坏，对人类生存和发展构成威胁。在这种背景下，1992年联合国在巴西召开"世界环境与发展大会"，会议通过了《里约热内卢环境与发展宣言》和《联合国气候变化框架公约》等一系列重要文件，把环境与发展纳入统一的框架，确立可持续发展模式。这次会议之后，世界各国加强清洁能源技术开发，将利用太阳能与环境保护结合在一起，使太阳能利用工作走出低谷。

世界环境与发展大会之后，我国政府对环境与发展十分重视，提出10条对策和措施，要"因地制宜地开发和推广太阳能、风能、地热能、潮汐能、生物质能等清洁能源"，制定《中国21世纪议程》，进一步明确太阳能为重点发展项目。1995年，国家计委、国家科委和国家经贸委制定《新能源和可再生能源发展纲要》，明确提出1996~2010年新能源和可再生能源的发展目标、任务，以及相应措施。这些文件的制定和实施，对进一步推动我国太阳能事业发挥重要作用。

1996年，联合国在津巴布韦召开"世界太阳能高峰会议"，发表《哈拉雷太阳能与持续发展宣言》，讨论了《世界太阳能10年行动计划》（1996 ~ 2005年）、《国际太阳能公约》、《世界太阳能战略规划》等重要文件。这次会议进一步表明联合国和世界各国对开发太阳能的决心，要求全球共同行动，广泛利用太阳能。1992年以后，世界太阳能利用进入稳定发展时期，其特点是：太阳能利用与可持续发展和环境保护紧密结合，全球共同行动，为实现世界太阳能发展战略而努力。

通过以上回顾可知，近100年间太阳能发展道路并不平坦，一般每次高潮期后会出现低潮期，低潮时间大约45年。太阳能利用的发展历程与煤、石油、核能完全不同，人们对其认识差别大，反复多。这一方面说明太阳能开发难度大，短时间内很难实现大规模利用；另一方面，说明太阳能利用还受矿物能源供应，政治和战争等因素的影响，发展道路比较曲折。尽管如此，从总体看，20世纪取得的太阳能科技进步仍比以往任何一个世纪都大。

21世纪后期太阳能将占主导地位

尽管太阳能开发存在一些弱点，发展道路曲折，但世界各国专家仍看好它。目前，太阳能利用仅在世界能源消费中占很小一部分。如果说20世纪是石油世纪的话，那么，21世纪则是可再生能源世纪，也是太阳能世纪。

专家估计，如果实施强化可再生能源发展战略，到21世纪中叶，可再生能源可占世界电力市场的3/5，燃料市场的2/5。在世界能源结构转换中，太阳能将会处于突出位置。

美国一项研究表明，太阳能将在21世纪初进入一个快速发展阶段，并在2050年左右达到30%的比例，次于核能居第2位，21世纪末，太阳能将取代核能居第1位。壳牌石油公司经过长期研究得出结论，21世纪的主要能源是太阳能。日本经济企划厅和三洋公司合作研究，更乐观地估计，到2030年，世界电力生产的一半依靠太阳能。

正如世界观察研究所报告所指：正在兴起的"太阳经济"将成为未来全球能源的主流，成为全球发展最快的能源。

我国太阳能资源利用状况

根据接受太阳辐射总量，可将我国划分为5类地区。

一类地区　为太阳能资源最丰富地区。包括宁夏北部、甘肃北部、新疆东部、青海西部和西藏西部等。以西藏西部最为丰富，最高达 $2333 \, kW \cdot h/m^2$（日辐射量 $6.4 \, kW \cdot h/m^2$），居世界第2位，仅次于撒哈拉大沙漠。

二类地区　为太阳能资源较丰富地区。包括河北西北部、山西北部、内蒙古南部、宁夏南部、甘肃中部、青海东部、西藏东南部和新疆南部等。

三类地区　为太阳能资源中等类型地区。主要包括山东、河南、河北东南部、山西南部、新疆北部、吉林、辽宁、云南、陕西北部、甘肃东南部、广东南部、福建南部、苏北、皖北、台湾西南部等。

四类地区 是太阳能资源较差地区。包括湖南、湖北、广西、江西、浙江、福建北部、广东北部、陕西南部、江苏北部、安徽南部以及黑龙江、台湾东北部等。

五类地区 主要包括四川、贵州两省，是太阳能资源最少地区，年太阳辐射总量 3350～4200 MJ/m²，日辐射量 2.5～3.2 kW·h/m²。

多种形式的太阳能利用方式

太阳能利用方式可以分为4类

1. 光热利用

基本原理是将太阳辐射能收集起来，通过与物质的相互作用转换成热能加以利用。目前使用最多的太阳能收集装置，主要有平板型集热器、真空管集热器和聚焦集热器等3种。通常根据所能达到的温度和用途，把太阳能光热利用分为低温利用（＜200℃）、中温利用（200～800℃）

阳台上的太阳能电池板

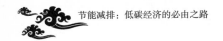

和高温利用（＞800℃）。目前低温利用主要有太阳能热水器、太阳能干燥器、太阳能蒸馏器、太阳房、太阳能温室、太阳能空调系统等；中温利用主要有太阳灶、太阳能热发电聚光集热装置等；高温利用主要有高温太阳炉等。

2. 太阳能发电

未来太阳能大规模利用主要是发电。利用太阳能发电，方式有多种。目前实用的主要有以下两种。

（1）光—热—电间接转换。即利用太阳辐射所产生的热能发电。一般是用太阳能集热器将所吸收的热能转换为工质的蒸汽，然后由蒸汽驱动汽轮机带动发电机发电。前一过程为光—热转换，后一过程为热—电转换。实际上是把烧煤锅炉改成烧"光"锅炉。

（2）光—电直接转换。基本原理是利用光生伏特效应将太阳辐射能直接转换为电能，基本装置是太阳能电池。

3. 光化利用

利用太阳辐射能直接分解水制氢的光—化学转换方式。

4. 光生物利用

通过植物的光合作用实现将太阳能转换成为生物质的过程。目前主要有速生植物（如薪炭林）、油料作物和巨型海藻。

蓬勃发展的太阳能实用技术

太阳能热水系统

早期广泛的太阳能应用即用于将水加热，现今全世界已有数千万台太阳能热水装置。太阳热水器是用太阳能量将水从低温度加热到高温度的装置，是一种热能产品。依循环方式，太阳能热水系统可分为两种：

1. 自然循环式

储存箱置于收集器上方。水在收集器中接受太阳辐射的加热，温度上升，造成收集器及储水箱中水温不同而产生密度差，因此引起浮力。热虹吸现象促使水在储水箱及收集器中自然流动。由于密度差的关系，水流量与收集器的太阳能吸收量成正比。此种型式不需循环水，维护甚为简单，已被广泛采用。

房顶上的太阳能热水器

2. 强制循环式

热水系统用水泵使水在收集器与储水箱之间循环。当收集器顶端水温高于储水箱底部水温若干度时，控制装置启动水泵使水流动。水入口处设有止回阀，以防止逆流，引起热损失。大型热水系统或需要较高水温，选择强制循环式。

世界各国对太阳能利用十分重视。30年前，德国制订安装太阳能热水器的"千顶计划"，日本有"朝日计划"，美国有"百万屋顶计划"。以色列的屋顶80％安装热水器，规定新建房屋必须安装太阳能热水器。

中国虽然起步较晚，但发展极快。到2007年，中国

有储热罐的太阳能热水器

太阳能热水器产销量已占世界第一。其中大部分出口，花费大量人力物力和能源，却让外国占了便宜。国内，沿海较富裕城乡太阳能热水器普及率达20％以上，全国平均普及率不到5％，远远低于欧洲水平。主要原因是缺乏政策引导，新建房不规定使用，老房安装困难。如果能像以色列一样，强行规定，早就节约大量能源了。

太阳能暖房

太阳能暖房，在寒冷地区使用多年。寒带冬季气温甚低，室内必须有暖气设备，欲节省化石能源，需应用太阳辐射热。常用的暖房系统为太阳能热水装置，将热水通至储热装置中（固体、液体或变化的储热系统），然后利用风扇将室内或室外空气驱至储热装置中吸热，再把热空气传送至室内；或利用另一种液体，输送到储

123

热装置中吸热后，流经室内，再用风扇强制加热空气，达到暖房效果。实际上是一种热风空调。

太阳能发电

1. 光热电间接转换——太阳能锅炉发电

太阳能聚热发电系统，实际上是用太阳能锅炉代替燃煤锅炉产生蒸汽发电。它通常由两部分组成：收集太阳能并转变成热能，转换热能成电能。利用大规模列阵抛物或碟形镜面收集太阳热能，通过换热装置提供蒸汽，结合传统汽轮发电机工艺，可以大大降低太阳能发电的成本。这种形式的太阳能利用还有一个优势，即太阳能所烧热的水可以储存在容器中，在太阳落山后几个小时内仍然能够带动汽轮机发电。

太阳能发电的缺点是效率低而成本高，投资至少比普通火电站贵5倍。一座1000兆瓦的太阳能热电站需要投资20亿～25亿美元，平均每千瓦2000～2500美元。目前只能小规模地应用于特殊场合，大规模利用很不合算，还不能与火电站或核电站竞争。

20世纪70年代的石油危机，促使美国能源部在80年代中期组织太阳能热电站研究，并由桑地亚国立实验

高塔顶上的太阳能锅炉

跟踪太阳的反光板列阵

室和国立可再生能源实验室联合组成SUNTN实验室，负责商业化示范太阳能电站设计。在加州沙漠中，首批成功建设9座抛物镜太阳能聚热发电站，总装机354兆瓦。后来，太阳能发电站在美国西南部各州，以及西班牙、以色列、瑞士等国家迅速得到应用。不足之处是抛物镜占地面积太大，在土地资源紧张的地方建设有一定困难。

对于老天爷馈赠的干净能源，世界各国专家仍在不断研究经济可行的方法，希望尽快扩大应用，造福人类。

美丽的新型太阳能电站设计图

2. 光电直接转换技术——太阳能电池

太阳能电池发电原理　光—电直接转换方式是利用光电效应，将太阳辐射能直接转换成电能。光—电转换的基本装置就是太阳能电池。太阳能电池是一种P–N结半导体光电二极管，利用光生伏特效应将太阳能直接转化为电能。当太阳光照到半导体光电二极管上时，光电二极管就会把太阳的光能变成电能，产生电流。将许多个电池串联或并联起来，就可以成为有较大输出功率的太阳能电池方阵。

太阳能电池是一种大有前途的新型电源，具有永久性、清洁性和灵活性三大优点。太阳能电池寿命长，只要太阳存在，太阳能电池就可以一次投资而长期使用；与火力发电、核能发电相比，太阳能电池不会引起环境污染；太阳能电池可以大中小并举，大到百万千瓦的中型电站，小到只供一户用的太阳能电池组，这是其他电源无法比拟的。

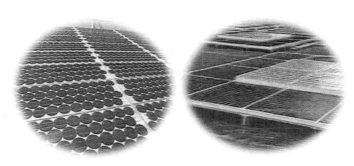

陆上太阳能电池列阵　　　　　海上太阳能电池列阵

太阳能电池的应用　20世纪60年代，科学家们就已经将太阳电池应用于通信供电。20世纪末，在人类不断自我反省的过程中，对于光伏发电这种清洁和直接的能源形式愈加重视，不仅在空间应用，在众多民用领域中也大显身手。如太阳能庭院灯、太阳能发电户用系统、

村寨供电独立系统、光伏水泵（饮水或灌溉）、通信电源、石油输油管道阴极保护、光缆通信泵站电源、海水淡化系统、城镇路标、高速公路路标等。

欧美先进国家将光伏发电系统并入城市用电系统及边远地区自然村落供电系统。太阳电池与建筑系统结合，已经形成产业化趋势。太阳能光伏玻璃幕墙将逐步代替普通玻璃幕墙。它具有反射光强度小、保温性能好等特点。用双玻璃光伏建筑组件建成光伏屋顶，面积93平方米，日发电量最高达到18千瓦，年发电量平均达到5000千瓦，可以节省约1900公斤标准煤，减少排放二氧化碳6吨。在节省常规能源和减少二氧化碳排放方面具有重要意义。

风、光联合照明路灯　　　　　　光电屋顶体育场

1980年，美国宇航局和能源部提出在空间建设太阳能发电站的设想，准备在同步轨道上放一个长10千米、宽5千米的大平板，上面布满太阳能电池，可提供500万千瓦电力。

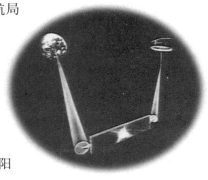

太空太阳能电站设想图

这需要解决向地面无线输电问题。现已提出微波束、激光束等输电方案。目前已用模型飞机实现短距离、短时间、小功率的微波无线输电，但离实用还有漫长的路程。

太阳能电池分类　根据所用材料不同，太阳能电池可分为硅电池、多元化合物薄膜电池、聚合物多层修饰电极型电池、纳米晶体电池4类，其中硅太阳能电池发展最成熟，在应用中居主导地位。

（1）硅太阳能电池

硅太阳能电池分为单晶硅电池、多晶硅薄膜电池和非晶硅薄膜电池3种。

单晶硅太阳能电池转换效率最高，技术最为成熟。实验室最高转换效率为23％，规模生产效率为15％，在

大规模应用和工业生产中占据主导地位。由于单晶硅成本高，发展多晶硅薄膜和非晶硅薄膜作为单晶硅电池的替代产品。多晶硅薄膜电池与单晶硅比较，成本低廉，效率高于非晶硅薄膜电池，实验室转换效率最高为18％，工业规模生产效率为10％。因此，多晶硅薄膜电池不久将会在太阳能电池市场占据主导地位。非晶硅薄膜太阳能电池成本低，重量轻，转换效率较高，便于大规模生产，潜力极大。受制于材料引发的光电效率衰退效应，稳定

太阳能电池飞机

太阳能电池板

性不高，直接影响实际应用。如果进一步解决稳定性问题及提高转换率问题，那么，非晶硅太阳能电池无疑是太阳能电池主要发展产品之一。

（2）多元化合物薄膜太阳能电池

多元化合物薄膜太阳能电池材料为无机盐，主要包括砷化镓Ⅲ－Ⅴ族化合物、硫化镉及铜铟硒薄膜电池等。硫化镉、碲化镉多晶薄膜电池的效率较非晶硅薄膜太阳能电池高，成本较单晶硅电池低，易于大规模生产。由于镉有剧毒，会对环境造成严重污染，并不是晶体硅太阳能电池理想的替代产品。

砷化镓（GaAs）化合物电池的转换效率可达28%。GaAs化合物材料具有较高的吸收效率，抗辐照能力强，对热不敏感，适合于制造高效单结电池。GaAs材料价格不菲，限制了GaAs电池的普及。

薄膜太阳能电池

铜铟硒薄膜电池（简称CIS）适合光电转换，不存在光致衰退问题，转换效率和多晶硅一样。具有价格低廉、性能良好和工艺简单等优点，将成为发展太阳能电池的重要方向。唯一问题是材料来源，铟和硒都是稀有元素，发展必然受到限制。

（3）聚合物电极型太阳能电池——可卷曲的电池

以有机聚合物代替无机材料，是太阳能电池研究方向。有机材料柔性好，制作容易，材料来源广泛，成本低，从而对大规模利用太阳能、提供廉价电能具有重要意义。以有机材料制备太阳能电池的研究刚刚开始，不论是使用寿命，还是电池效率，都不能和无机材料，特别是硅电池相比。能否发展成为具有实用意义的产品，有待于进一步探索。

可卷曲的电池

（4）纳米晶体太阳能电池

纳米 TiO_2 晶体化学能太阳能电池是新近开发的，优点在于廉价的成本、简单的工艺和稳定的性能。其光电效率稳定在10%以上，制作成本仅为硅太阳电池的1/5～1/10，寿命达到20年以上。此类电池的研究和开发刚刚起步，不久的将来会走上市场。

纳米太阳能电池

国外太阳能利用——政策支持力度大

美国：减税鼓励发展太阳能

从1978年起，美国联邦政府全力推动太阳能利用，对装设太阳能系统的住宅，补助50%的费用。1980年，财政部制定能源设备减税办法，凡是家庭购置太阳能系统，其购置、装设等费用的40%可减免所得税，最高达

4000美元。各州有其单独的减税办法，可以和联邦政府减税办法同时使用。

据报道，2007年美国在加利福尼亚州弗雷斯诺市近郊兴建世界最大的太阳能发电站。兴建的太阳能发电站约2.6平方公里，约为目前德国拥有的世界最大太阳能发电站的7倍。该电站将于2011年建成，规模为80兆瓦，可满足2.1万户用电。建设如此大规模的太阳能发电站，会为能源产业带来巨大的影响。

2008年7月13日，美国太阳能源公司宣布：该公司将在佛罗里达州建设美国最大的太阳能电厂。与多数大型太阳能发电厂不同，该项目将使用屋顶太阳能电池

美国碟式太阳能集热装置

板，还要安装太阳跟踪系统，因而比固定太阳能电池板有更高的效率。该电厂装机2.5万千瓦，为1.875万个家庭提供电力。该公司还将在肯尼迪航天中心附近建设1万千瓦太阳能发电装置。这座太阳能光电子发电厂将在2009年投入运行，肯尼迪航天中心项目则在2010年竣工。两座太阳能发电厂均由佛罗里达电力和电灯公司拥有和运行。

欧盟：建筑能效法令严格

2002年，欧盟通过了建筑能效法令，要求成员国减少取暖、空调、热水和照明等方面的建筑能耗。这一法令主要内容包括：建筑能耗评价方法，新建建筑和既有建筑（大于1000平方米）改造的最低建筑能耗要求；建造、出售或出租建筑时，须提供建筑能耗认证，定期检查锅炉和空调系统。欧盟要求成员国在2006年1月前完成本国建筑能效法令制定工作。

德国："向日葵"太阳能屋——节能环保典范

面对能源危机与环境污染两大严峻挑战，人类探索节能环保之路的步伐不断加速。在有"德国太阳能之都"

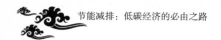
美誉的小镇弗赖堡，坐落着不少能围绕太阳转动，有效收集能量的太阳能屋。

太阳能屋的设计者是拥有"太阳能建筑大师"之称的德国建设师罗尔夫·迪许。多年来，他一直致力于节能建筑的设计和建造，并于1995年在弗赖堡成功建造第一座太阳能屋。同年，这座节能环保式建筑获德国年度

太阳能供电小屋

住宅小区房顶上的太阳能电池

建筑奖。

太阳能屋名为"向日葵",来源于希腊语"太阳"和"转动"。这座建筑的独特之处,在于它能随着太阳缓慢自转。房屋4层,外观呈圆柱形。屋顶装有太阳能光电板,以最大角度对准太阳,即使在太阳倾角低的冬季,也能吸取足够热量。无论炎炎夏季,还是严寒时节,没有暖气和空调设备的太阳能屋内保持15~25℃。

除有效收集太阳热量外,太阳能屋的节能和环保也十分突出。设计者在屋顶上安装光电转换装置,把太阳能转化成电能,解决了照明问题。房屋装有巨大的隔热窗,配置良好的通风系统。把浑浊空气排出室外的同时,热量交换装置能把废气中的热量传递给流通至室内的新鲜空气,以保持室内温度。在一系列开源节流措施带动下,太阳能屋产电量远远高于用电量。几个月内,太阳能屋发电量超过4000度,用电量仅为460度。

以色列:把节能作为国家义务

以色列1980年颁布强制安装太阳能热水器的法令,是实施强制法令最早的国家。该法令要求,任何低于27米的新建房屋必须安装太阳能热水系统。经过20多年的

发展，目前住宅楼超过80％的屋顶被太阳能集热器覆盖，有巨大、稳定的太阳能热水器市场。主流产品是平板自然循环热水器。目前，80％的新增太阳能热水器用于更换旧的太阳能热水器。

热、电同时产生的太阳能装置

澳大利亚：建筑——五星分级管理

2001年4月1日，澳大利亚联邦政府实施强制性可再生能源目标，要求可再生能源在电力消费量中占一定的比例，利用可再生能源者可获得可再生能源证书，通过证书获得补贴。根据该目标的要求，到2010年，可再生能源在电力消费量中的比例将增加2％，可再生能源将占电力总消费量的10％。政府推荐实施的建筑等级评定标准，将建筑分为5个等级，1星级建筑能源管理差，5星级建筑能源管理优秀。

政府要求新建建筑必须达到一定的建筑能耗水平，才能批准开工建设。虽然在多数标准和项目中，对采用何种节能技术没有强制性规定，但太阳能热水器在太阳能光照时间长、光照强度高的澳大利亚的多数地区已成为减少常规能源消耗、实现建筑节能的重要手段。

中国太阳能利用情况不容乐观

光电技术后来居上

2008年最令人兴奋的大事之一，是太阳能大规模充分利用。中国科技发展集团有限公司和新能源公司合作，宣布将在中国青海柴达木盆地经济试验区建造总装机容量为1 GW（1000兆瓦）的太阳能发电站。这将是世界上最大的太阳能发电站。

这一工程在中国国内首创采用非晶硅薄膜、晶体硅混合的光伏电池方阵。发电厂第一个项目预计耗资1.5亿美元，建设30兆瓦晶体硅和薄膜太阳能电站。柴达木是目前中国面积最大的区域性循环经济试验区，电力基础好，大电网基本覆盖全区，是中国内地建设大型荒漠太阳能并网电站的理想场所。

屋顶上的太阳能电池装置

　　柴达木盆地年均日照3000小时左右，太阳辐射和日照仅次于西藏，在中国排在第2位，综合开发条件居首位。

　　目前，中国太阳能发电利用主要在3个方面。

　　一是建设太阳能光伏电站，解决边远地区用电问题。2002~2003年，政府投资50亿元人民币，建设太阳能发电站，解决1000个乡，近200万人用电问题。

　　二是在城市中，结合大型建筑建设一批分散并网的小型太阳能电厂。

　　三是利用西部沙漠、戈壁资源，建设一批太阳能电站。

　　但是，中国光伏发电使用量仍然很少，2007年底装机只有10万千瓦。中国资源综合利用协会可再生能源专业委员会等机构发布的《中国光伏发展报告》预计，如能得到稳定的政策支持，到2030年，中国太阳能光伏发电装机容量将达到1亿千瓦，年发电量将达到1300亿千瓦时，相当于少建30多个大型火电厂，不仅节约大量煤炭、石油等不可再生资源，而且对节能减排，保护环境起到了重要作用。

风能利用　潜力无限

风能利用，自古就有，中国和荷兰是古代利用风力最多的国家。在没有电力没有石油的年代，风力是"助人为乐"的重要能源。说它助人为乐，因为它不讲条件，不讲价钱，日夜供应，乐此不疲。磨坊用它，灌溉用它。它代替了人畜，默默劳动，毫无怨言。它只是付出，从来不索取。它不破坏环境，却日日夜夜哼唱着那百听不厌的歌曲：吱吱呀呀，吱吱呀呀！……风，作为一种自然能，千百年来，一直在为人类服务。

"柳堡的故事"已被现代文明遗忘

"九九那个艳阳天呀咦唉哟，十八岁的哥哥呀坐在河边，东风吹得风车儿转啊，蚕豆花儿香啊麦苗儿鲜。"《柳堡的故事》把美的享受带给观众，优美景色与悦耳音乐完美结合，将苏北水乡恬静如画的景色展现得淋漓尽致。影片开始时，江南的小桥流水，绿色的田园，转动的风车，动人的音乐，将观众带入一个和平、宁静、温馨的环境，预示一个爱情故事即将发生，那首《九九艳阳天》将这种妙不可言的美丽推向极致，产生动人心魄的艺术魅力。

电影中，每当出现"东风吹得风车儿转啊……"时，远处的河岸就会出现一座与众不同的风车，直立着五六片老旧的风帆，慢慢地但不停地围绕着立轴旋转。据说，这种立轴式风车，是我国劳动人民的发明。它无须高高的塔楼，无须传动机构，风帆可升可降，与水车连接可车水，与石磨连接可磨面。它灵活机动，省工省料，不用电，不用油，无噪音，无污染，深受广大农民欢迎。

曾几何时，现代文明开始在城市发展，工业经济的神经和血管逐步向农村渗透。电力取代风力，水泵取代风车。"柳堡的故事"中绿色的田园，小桥流水，

古代风车

上世纪60年代江南立轴风车

立轴风车风帆可升可降

一去不复还，也许会慢慢地被人遗忘。唯有那中国特点的立式风帆风车，在可再生能源发展的浪潮中得以重生，焕发出新的风采，以全新的面貌为人类节能减排服务。

立轴式风力发电机

近年来，我国学者对立轴式风车进行研究开发。利用它省时省料的特点，开发出可在城市屋顶上安装使用的小型立轴式风力发电机，小巧灵活，可在微弱风力下快速旋转发电，引起人们关注。

风力发电起步早　为何最后赶晚集

20世纪80年代初，为了支持风能发电事业，中国科学院从德国引进10台风力发电机，无偿提供浙江宁波嵊泗岛，希望作为示范工程。风机安装完，试运行成功，效果良好。没想到的是，事后该风力发电站负责人竟到中科院索要运转费用，声称不给费用就停止运行。中科院是科研单位，没有运转费。风机果然停运，成了一堆废铁。

由于对新技术缺乏敏感性，失去了一次新兴产业换代机会。2005年，浙江花巨资引进技术，建立大型风电装备企业。

2008年，浙江省规模最大的风力发电项目岱山县衢山岛风力发电场建成。已安装48台单机容量850千瓦风机，取得令人瞩目的成绩。遗憾的是整整晚了20年。

阳光下的大型风力发电机

我们知道，风能是可再生能源中技术最为成熟又最简单的技术。过去20年里风力发电成本下降80％，成为发电成本最接近火电的新能源。风力发电具备大规模商业化运作的基础。

内蒙古风力发电场

新疆达坂城风力发电场

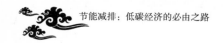

风力发电原理

利用风力带动风车叶片旋转，再通过增速机将旋转的速度提升，促使发电机发电，是风能利用中最基本的一种方式，原理和构造都十分简单。风力发电机一般有风轮、发电机（包括装置）、调向器（尾翼）、塔架、限速安全机构、储能电池、整流用逆变器装置等组成。发电机有3种：直流发电机、同步/异步交流发电机。其中，整流用逆变器装置将获得的直流电转换成交流电，可以并入电网。

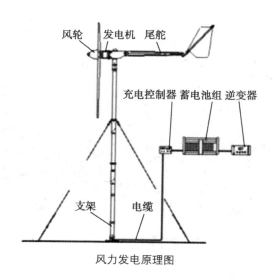

风力发电原理图

风力发电作为国家"十一五"规划大力提倡和发展的清洁型可再生能源，有着广阔的发展空间和良好的市场前景，是目前的热门行业。专家预计，到2015年，风力发电总量有望超过核电、水电，成为中国第二大电力供应行业。

欧洲最早开发利用风电

英国成为世界上拥有海上风力发电站最多的国家，超越曾位于榜首的丹麦。目前，英国正在制订进一步推动海上风力发电站计划，为家庭提供足够的电力。到2020年，英国海上风力发电能力几乎占全球市场的一半。

英国海上风力发电

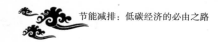

现在，英国来自岸上及海上风力发电站的电量达到30亿瓦，足够供应150万个家庭。其中，海上风力发电占20%，还有5座在建电站，2009年末总电量增加9.38亿瓦。估计这种趋势会继续下去，最终风能的使用成本将会不断降低，而且符合国际上减少二氧化碳排放以阻止气候变化的紧迫需求。英国及其周边海域，拥有欧洲最强的风力，为风力发电提供保证。

浙江省内最大的风力发电场投产

2009年3月，浙江省内最大的风力发电场——浙江温岭东海塘风力发电场一期工程建设完成并投入使用。该发电场每台风机功率为2兆瓦，是目前国内单机容量最大的发电机。20台风力发电机沿着海岸线一线排开，场面壮观。可供应4万多户家庭。每台风机都是巨人，风轮直径80米，风轮中心离地67米，叶片长度超过39米。

目前，中国风力发电总机容量已达9兆千瓦，而且在不断扩大。由于政策支持，风力发电有利可图。初定政府补贴价格等于再生能源价格减去火力发电价格，吸引国内外投资者争相进入中国风电市场。正像国外媒体介绍说，中国风力发电建设将是爆炸式成长。不久的将来，中国风力发电将稳坐世界头把交椅，为节能减排做出贡献。

温岭风力场

温岭风力场吊装风力机

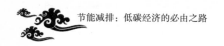
特种水力发电　异军突起

　　水能利用是最古老的可再生能源利用之一，近代水电站为人们提供相对稳定和廉价的能源。它仍然受到自然的影响，且需拦河筑坝，投资巨大，因而制约发展。近年来，为了应付能源危机，世界各国科学家各出新招，发明了不少新奇实用的海洋能利用技术，使人耳目一新。

英国"海蟒"波浪能发电高效实用

　　近来英国科学家发明一种海上发电装置，称之为"海蟒"。它是一种波浪发电设备，不会产生污染和噪音，也没有油污渗漏危险，不会对海洋生态带来威胁。这种装置长约200米，直径7米，由橡胶制成。"水蟒"工作原理十分简单，安装在距离海岸1～3公里远，水下40～90米的地方，固定在海床上。将海水充满"水蟒"

152

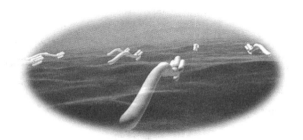

英国的"海蟒"波浪能发电设备

"海蟒"波浪能发电设备水下观察图

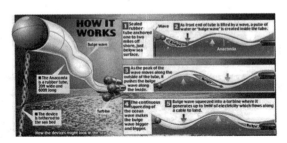

英文资料介绍的"海蟒"工作原理图

153

的橡胶管。每当波浪经过时，弹性极强的橡胶管就会上下摆动，管内产生脉冲水流，推动尾部的水力涡轮发电机产生电流，然后通过海底电缆传输出去。每条"海蟒"能产生100万瓦电能，可以满足2000个家庭日常需要。

首批"水蟒"将在5年内安装完毕。选在可以产生长距离水下波浪的地方。材料是橡胶，比其他波浪发电装置更轻，结构更简单，制造和维修成本低，为可再生能源利用开发出一条新路。最近葡萄牙宣布研制成一条海上发电的"水蛇"，发电效果也很理想。

波浪能与潮汐能、海洋温差能、盐梯度能、洋流能等能源一样，是海洋能源中最丰富、最普遍、较难利用

葡萄牙"海蛇"发电装置

的资源之一。波浪能又是海洋能中所占比重较大的海洋能源。海水波浪运动产生巨大的能量。据估算，世界海洋中的波浪能达700亿千瓦，占全部海洋能量的94％，是各种海洋能中的"首户"。

波浪能发电原理

与"海蟒"不同的是，大多数波浪发电是以空气为介质。其原理是将波力转换为压缩空气来驱动空气蜗轮发电机发电。它像一只倒置在水中的打气筒，当波浪上升时，将空气室中的空气顶上去，被压空气穿过正压水阀室进入正压气缸，驱动发电机轴端的空气蜗轮，使发电机发电；当波浪落下时，空气室内形成负压，空气被吸入气缸，驱动发电机另一轴端的空气蜗轮，使发电机发电，其旋转方向不变。

1982年，中国科学院广州能源所研制的航标用波浪发电装置通过鉴定。该装置用于直径2.4米的航标，在平均波高0.5米、平均周期3秒的情况下，满足航标灯用电需要。目前长江口使用的就是该装置。

1989年，广州能源研究所在广东珠海建成第一座示范实验波力电站。1996年，在广东省汕尾市建设100千

155

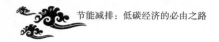
瓦岸式振荡水柱波力电站。该电站设有
过压自动卸载保护、过流自动调控、
水位限制、断电保护、超速保护等
功能，使我国波能转换研究实现
跨越式发展，达到国际先进水平。
总之，海洋能利用是八仙过海各显
神通，对可再生能源利用起到推动
作用。

10瓦波浪航标灯

水下洋流发电装置

被遗忘的潮汐电站技术

大海蕴藏着巨大的能量，要是大海发起脾气来，那是狂风暴雨，惊涛骇浪。历史上无数船只葬身鱼腹，海啸曾毁灭许多城市。2004年印度洋海啸使30多万人丧生。这种突发性灾难，给无数家庭带来痛苦和悲哀。那么，有没有可以利用的海洋能呢？回答是肯定的。潮汐发电是海洋能中技术最成熟和利用规模最大的一种。

巨大的海洋能

浙江江厦潮汐电站

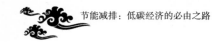

　　据记载，公元前1000多年，英国、法国、西班牙沿岸就有了潮汐磨坊。这些磨坊一直沿用了许多个世纪。后来，它们逐渐被廉价而方便的燃料和工业革命后出现的机器取代。

　　20世纪50年代，世界各国开始重视潮汐能发电技术开发。其中投入运行最早，容量最大的潮汐电站，是法国1968年建成的朗斯电站，装机容量24万千瓦，年发电量5.44亿度。而后，1984年加拿大在安那波利斯建成装机容量为1.78万千瓦的世界第二大潮汐电站。近20多年来，美国、英国、印度、韩国、俄罗斯等相继投入相当大的力量进行潮汐能开发。

　　预计到2030年，世界潮汐电站年发电总量将达600亿度。潮汐能不受洪水、枯水期等水文因素影响，开发利用潮汐能的社会和经济效益已显露出来。目前，潮汐电站建设出现新的势头。中国是世界上建造潮汐电站最多的国家，从20世纪50年代到70年代先后建造50座潮汐电站。可惜到80年代初，只有8座电站仍在正常运行，其他由于无人关心支持而自生自灭，逐渐被人遗忘了。

　　目前，我国正在运行的8座潮汐电站是：浙江乐清

湾的江厦潮汐试验电
站、海山潮汐电站、
沙山潮汐电站，山东
乳山市白沙口潮汐电
站，浙江象山县岳浦
潮汐电站，江苏太仓

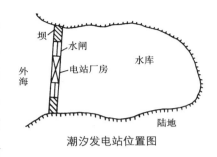

潮汐发电站位置图

县浏河潮汐电站，广西钦州湾果子山潮汐电站，福建平
潭县幸福洋潮汐电站。其中，较好的是浙江江厦电站。
它是我国最大的潮汐电站，安全运行20多年，为潮汐能
利用树立了样板。

　　事实证明，只要主管部门对开发新能源有足够的认
识，真正树立科学发展观，持之以恒，那42座电站就不

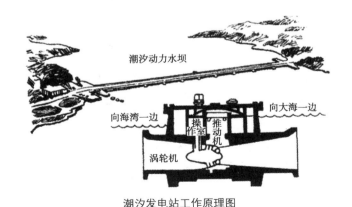

潮汐发电站工作原理图

会消亡，不会被人遗忘。在能源短缺的情况下，它们能做出多大贡献啊！

高山上的"花环"——抽水蓄能电站

抽水蓄能电站是利用晚上电力负荷低谷时的电能，抽水至山顶上的上水库（天然湖泊或人造水库），在白天电力负荷高峰时，再放水至下水库发电的水电站。它又称蓄能式水电站。可将电网负荷低时的多余电能转变为电网高负荷时的高价值电能，还适于调频、调相，稳定电力系统的周波和电压。

有些高山水库风景优美，兼做旅游景点，犹如美丽的高山花环，镶嵌在群山之中。台湾日月潭就是旅游发

天荒坪抽水蓄能电站

电兼备的代表。

抽水蓄能电站根据上水库有无天然径流汇入，可分为纯抽水蓄能电站和混合抽水蓄能电站。此外，还有将这一条河的水抽至上水库，然后放水至另一条河发电的调水式抽水蓄能电站。

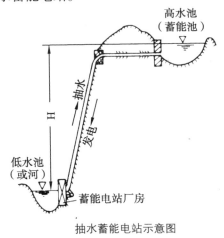

抽水蓄能电站示意图

世界上第一座抽水蓄能电站是瑞士于1879年建成的勒顿抽水蓄能电站。世界上装机容量最大的抽水蓄能电站是美国巴斯康蒂抽水蓄能电站，装机210万千瓦，于1985年投产。中国台湾省日月潭抽水蓄能电站装机100万千瓦，曾是亚洲最大的抽水蓄能电站。广州抽水蓄能电站，第一期工程装机120万千瓦。

我国抽水蓄能电站后来居上

世界上第一座抽水蓄能电站至今已有125年的历史。抽水蓄能电站迅速发展，是20世纪60年代以后，也就是说从第一座抽水蓄能电站建成到迅速发展，中间相隔近80年。中国抽水蓄能电站建设起步较晚，60年代后期才开始研究抽水蓄能电站的开发，1968年和1973年，先后在华北地区建成岗南和密云两座小型混合式抽水蓄能电站。在近40年中，前20多年蓄能电站的发展几乎处于停顿状态，90年代初有了新的发展。至2005年底，全国已建抽水蓄能电站总装机容量跃进到世界第5位，年均增长率高于世界平均水平，遍布全国14个省、直辖市。预

蓄能电站风光

计至2010年，抽水蓄能电站总装机可达17500兆瓦。

近十几年来，中国抽水蓄能电站发展取得很大成绩。2004年底，全国已建成投产的抽水蓄能电站10座。其中包括1968年建成的河北岗南常规抽水蓄能电站，1992年建成的河北潘家口混合抽水蓄能电站，1997年建成的北京十三陵抽水蓄能电站；广东电网分别于1994年和2000年建成广州抽水蓄能电站一期、二期工程（其中60万千瓦供香港）；华东电网于1998年建成浙江溪口抽水蓄能电站，2000年建成天荒坪抽水蓄能电站和安徽响洪甸抽水蓄能电站，2002年建成江苏沙河抽水蓄能电站；拉萨电网于1997年建成羊卓雍湖抽水蓄能电站，华中电网建成的湖北天堂抽水蓄能电站。

我国抽水蓄能电站两个 "之最"

最大的抽水蓄能电站——广州抽水蓄能电站

该电站是中国最大的抽水蓄能电站，装机2400兆瓦，在华南电力调节系统中发挥重要作用，使核电实现不调峰稳定运行。广州蓄能电站的调峰填谷作用使香港中华电力公司无需多开两台66万千瓦煤机，而且在负荷低谷期可以更多地接受核电。大亚湾两台900兆瓦核电机组于1994年投入运行，分别向广电和中电两个电网供电。由于两个电网都有抽水蓄能容量供调度使用，为核电创造良好的运行环境。目前，该电站扩建成旅游休闲胜地，吸引不少游客。

广州抽水蓄能电站

落差最大的抽水蓄能电站——天荒坪抽水蓄能电站

该电站位于天目山东缘，上下水库落差607米，是目前世界上落差水位最高的电站，也是世界第二、亚洲第二大抽水储能电站。装机容量达1800兆瓦，运行综合效率最高达80.5%，超过一般抽水蓄能电站。自1998年投产至2003年6月底，已为电网应急调频或事故备用23次。它被电网指定为系统瓦解时恢复电网的启动电源。

同时，蓄能电站成为系统调试的重要工具，对保证华东电网的安全稳定、经济运行发挥不可替代的作用。

综上所述，已建抽水蓄能电站，不管是大型还是中型，在实际运行中都发挥了调峰、填谷、调相、调频、事故备用和替代燃煤机组的作用，取得良好的信誉和经济效益。

中国是大国，无论哪种单一能源都不能解决能源问题，必须发展多种替代能源。发展替代能源不能光看到它的好处，更应该考虑存在的问题；既要有多元化发展战略，又要目标明确，重点突出，提高资金使用效率；要用科学发展的观点组织能源规划，确保中国能源战略安全、可靠，稳步前进。

天荒坪抽水蓄能电站风光

让"萤火虫"的
闪光照亮整个世界

肖志国

2001年9月11日，美国纽约世贸大厦遭到恐怖分子劫持的民航飞机撞击，制造了美国历史上最严重的恐怖袭击事件——"9·11"事件。两座110层大楼先后倒塌，死亡和失踪3200人。全世界为之震惊，人们对遇难者表示同情，对恐怖分子的罪恶行径表示强烈谴责。

事后不久，美国《新闻周刊》一篇报道，介绍在"9·11"事件中，由于世贸中心大楼的安全通道和楼梯间，采用中国大连路明公司的自发光材料，使1.8万人在1.5个小时内安全撤离。此事，在国际上引起轰动，给人们痛苦的心灵增添一些慰藉，同时使一个中国年轻科技企业家名扬全球。他就是中国大连路明发光科技有限公司董事长兼总经理肖志国。那时，他39岁。

"9·11"事件——光与火的较量

我们知道，对于人类来说，光和火是多么重要。很难想象，地球上没有光和火，那将是一种什么情况。

念小学的时候，读过一篇古希腊神话，讲关于"光与火"的故事。相传古代有一位天神叫做普罗米修斯，他用泥土和水，按照天神的形象创造了人类。众神之首宙斯却拒绝给人类提供火种，人们只能生活在冰冷和黑暗的世界中。善良的普罗米修斯为了解救人类，冒着生命危险，从太阳车中为人类盗来火种。人类有了火，一片欢腾。宙斯十分气愤，下令把普罗米修斯钉在高加索山的峭壁上，放出一只大鹰，每天飞去啄食他的肝脏。普罗米修斯痛苦的吼声震撼山河，但是，他没有屈服。他坚持了3万多年，直到一位好心的天神杀死大鹰，才解救了他。人们感激和崇拜天神普罗米修斯，因为他为人类送来了光和火，送来了温暖和光明。

在现实生活中，光和火是生存的必要条件。可是，

大楼安全通道使用的自发光材料

光和火也可能被坏人利用，使它变成杀人的工具。"9·11"事件中，恐怖分子正是利用民航飞机载有70多吨汽油，撞上纽约世贸大楼后，汽油燃烧的熊熊烈火一直持续4个多小时，几十万吨的钢结构楼架，因受热支撑不住而瞬间垮塌，造成旷世悲剧。可是谁又能想到，就在大楼被撞后，楼内断电，烟雾弥漫，一片漆黑，人们惊恐万状走投无路的时候，突然发现在安全疏散通道和楼梯里，一条条闪烁着奇异绿光的标志，清楚地指引着出逃的方向，就连楼梯的踏步和扶手上也都闪着这种奇异的绿光。就是这种救命之光，点燃了求生的希望，人们迅速安静下来，按照箭头指示的方向，紧靠楼梯一边鱼贯而下。楼梯另一边是紧急赶来的消防队员，快速冲上楼去解救那些需要帮助的人。

在这场"光与火"的较量中，正是来自中国的神奇绿光起到关键作用，是它战胜了恐怖分子邪恶的烈火，拯救了1.8万人的生命。这种发出神奇绿光的材料，就是肖志国研制的无毒无害的新型发光材料,学名叫做"蓄光型自发光材料"。

萤火虫点燃农村孩子梦中之光

1962年10月,肖志国出生在辽宁锦州一个农村家庭。那时候,在他的家乡还没有电灯,我国经济正处于最困难时期,每人每月配给3两食用油,连炒菜都不够,更舍不得点灯。肖志国从小聪明好学,爱动脑子。他想,家里没有灯光可看书,能不能到大自然中寻找灯光呢?

夏日的夜晚,人们都在院子里乘凉,肖志国却带着小朋友到野外去捉萤火虫。天上的星星,一闪一闪地眨着眼,好像在问小朋友们:你们在追逐什么呀?而树枝草丛中漂浮着的萤火虫,点着微弱的小灯笼,也一闪一闪地眨着眼,好像也在问小朋友们:你们在追逐什么呀?此时的肖志国心中只有一个梦,那就是追逐和寻找不用花钱又可

孩子们捕捉萤火虫

玻璃瓶中的萤火虫

以读书的光。

没有多久，满头大汗的孩子们抓到一大把萤火虫。肖志国把萤火虫装进玻璃瓶子里，带回家当灯照明。但是，萤火虫的荧光持续不了多久就逐渐变暗，不能长时间照明。肖志国生性爱动脑筋，凡事爱琢磨个究竟。他仔细观察萤火虫发光，想了解萤火虫的"小灯笼"是怎样慢慢熄灭的。

肖志国多么希望能找到一种办法，使萤火虫发出的光变得又亮又长，就连晚上做梦都在想着这件事。他好几次梦见满屋飞舞的萤火虫会发出不灭的光，照亮书本，照亮房间，照亮这个世界……

一天晚上，肖志国突然想到，玻璃瓶里的萤火虫是不是因为瓶盖拧得太紧，缺少空气，不能继续发光。于是，赶紧从一块旧蚊帐上剪下一片纱布，做成小口袋，把萤火虫装了进去，结果发现不仅发光时间延长了，亮度也增加了。这次小试验，使他对科学研究的乐趣有了初步体会。他暗暗下决心：我要当一名科学家，研究出一种不用花钱，又能长时间发出明亮光线的"不灭的萤火虫"，让千千万万点不起灯的穷苦孩子能够在夜晚看书。

从此，肖志国的人生经历与"发光"结下不解之缘。

居里夫人与第一代自发光材料

高中毕业后，肖志国考取吉林大学物理系，开始他的追"光"之梦。4年后大学毕业，他毫不犹豫地选择并报考中国科学院长春物理所发光专业硕士研究生。长春物理所，是中国科学院专门从事固体发光材料研究的研究所。那里有一批固体发光材料领域卓有贡献的科学家和学术带头人，备有先进的科学实验仪器和设备，具有良好的学术氛围。肖志国来到这样的研究所，真是如鱼得水，兴奋无比，想摩拳擦掌大干一番，尽快实现童年时代的"发光"之梦。

要成为一名科学家不容易，要成为有发明创造的科学家更不容易，而要成为居里夫人那样在自发光领域的领军人物，尤其不容易。

在那个经济和科学研究条件都十分落后的年代，在一间破败的实验室里，居里夫人要从几十吨铀矿沥青废

居里夫人在做实验

渣里，寻找出自己会发光的材料——放射性元素"镭"。

这是一项艰苦繁重、重复且乏味的工作。每一次提炼工作，都要将几十公斤废渣放在一口锅内，加上溶剂，无数次地蒸发、分离和提纯。对于男人来说，都叫人难以忍受，何况身体纤弱的妇女。但是，一个"发光"的梦，支持着她。无论酷暑，无论寒冬，她用渊博的物理知识和顽强的科学追求，支撑着自己，不达目的誓不罢休。经过3年零9个月的艰辛工作，终于在1902年获得0.1克镭盐，继而提炼出金属镭，宣告放射科学的诞生。第二年，居里夫人获得诺贝尔物理学奖。

居里夫人的成果来之不易，更难忘的是发现成功的一刹那。那是一个没有月光的夜晚，居里夫人和丈夫一起慢慢走向那间实验室，心情忐忑地等待奇迹出现。当她们靠近实验室窗口时，突然发现，陶瓷碗中的镭结晶发出炫目的蓝光。这意味着他们成功了。此时，他们没有欢呼，只是紧紧地相拥着，屏着呼吸，静静地看着那奇异的光芒，享受着成功的快乐。经过1275个日日夜夜，科学试验终于有了收获。

正当事业顺利发展，取得一项又一项发明的时候，由于长期从事放射性工作，身体受到严重伤害，居里夫人过早地离开人世。

后来，人们把镭称为第一代自发光材料。它具有强烈的放射性，对人体有伤害作用，一直没能成为照明工具，只是在医疗和其他领域发挥一定作用。当时价格昂贵，影响了广泛应用。

一直到20世纪初，科学家研制出第二代自发光材料，那是一种硫化物荧光材料，其中以硫化锌用得最多。"二战"前后，许多仪器仪表显示器用上这种材料。它能在黑暗中使人看清数字，在仪表领域大显神通。后来，在手表上涂上这种材料，夜晚时，就可清晰观察到时间，人称"夜光表"，很受欢迎。好景不长，这种材料必须添加放射性元素，对人体有一定毒害，终于在全世界范围淘汰。

能不能寻找一种无毒、无害又不需要电能且会发光的材料呢？世界各国发光材料专家都在努力，一直没有取得突破。

逆向思维　柳暗花明

肖志国一直对居里夫人的拼搏精神和高尚品质十分敬佩，并从居里夫人所从事的事业中，找到奋斗的目标：独立研究出一种不含放射性元素的新的发光材料，一种无毒、无害、无污染，又能长时间自发光的材料。

所谓独立研究，就是自主的创造性研究，也叫"原创性研究"。它不是对已有技术的模仿，不是对原有技术的改进，而是另辟蹊径，跳出放射性元素的怪圈，走自己的路。

为走自己的路，肖志国付出大量的心血。他查阅了所有可以查阅的资料，希望从无数种可能发光的化学元素和化合物中，寻找到梦中那种"不灭的萤火虫"。

肖志国懂得，不像居里夫人一样付出艰辛的劳动是不行的。硕士研究生只有两年，除了完成导师布置的课程外，就得全力以赴地投入发光材料研制工作中去。每一分、每一秒钟对于他来说都是那么重要。为走自己的路，肖志国经历一次又一次的探索和失败，但他没有后退，顽强拼搏。

有人说科学研究是枯燥无味的，有人说科学好玩而且有趣。其实，从事科学研究的人都知道，科学研究是一种既枯燥无味又好玩有趣的事。因为制定的目标以及可能得到的结果，是诱人有趣的，实现这个目标的过程，往往枯燥无味，充满艰难险阻。

肖志国安下心来，不厌其烦地在实验数据的海洋中，寻找可以登陆的突破点。终于，功夫不负有心人，经过对照分析，肖志国发现自发光材料必须靠放射性元素慢慢释放的放射线激发它发光。这种放射线总有一天会消亡，这个消亡时期，科学上用"半衰期"计算。元素到了半衰期，发出射线的强度就会减少一半，材料发光逐步变弱。怪不得早年的夜光表到了一定年限，就变暗淡了。

肖志国终于明白了，跟着前人走过的路，是走不通的。必须换一种思维方法，或许逆向思维，跳跃前进，才会柳暗花明。

一天，他突发奇想：为什么不研究一种新材料，自己不发光，但可以储蓄其他

让萤火虫的光芒照亮世界

光源的光，需要时再把它放出来。那该多好啊！

肖志国为大胆的逆向思维激动着，决定打破常规走自己的路，重新开始，投入新的一轮"战斗"。新的"战斗"并不是那样顺利，但是，肖志国依靠扎实的基础知识，熟练的实验技术，终于发现某些"稀土材料"具有蓄光和放光功能。他十分兴奋，好像在漆黑的山路上，看到了光明，看到了希望。

萤火虫给予灵感　使他梦"光"成真

经过多次实验，肖志国找到几种稀土发光材料，可以稳定蓄光，然后放出光芒。这个结果并没令他高兴。因为，此时的材料有个缺点，就是"蓄光容易，放光难"，达不到短时蓄光后长时间放光的效果，也就是说这种材料储蓄的光在释放时，很快就跑光了。就好像水库里蓄满了水，闸门一打开，水很快流光了。可是，水库闸门

"能让手中的萤火虫长时间发光吗？"

是可以控制的,调整闸门开口,就可控制流量。同样道理,如果控制发光材料放光的速度，就能让储蓄的光慢慢释放，发光的时间就会变长。问题不就解决了吗?

实际上，近半个世纪以来，多少科学家都在为此奋斗，但都无成效。这道难题，科学上叫做"光—光转换技术"。此时，肖志国又拿出从小就有的那股子拼劲，明知山有虎，偏向虎山行，不达目的誓不罢休。

肖志国知道，稀土发光材料的发光原理和其他材料完全不一样。它是一个微观的物理过程。由于稀土材料原子结构的特点，原子核外层不同能量级轨道上的电子会跳上跳下。这种跳跃叫"跃迁"。当低能轨道上的电子吸收光线中的"光子"，增加了能量，就会跃迁到高能轨道，并落入一个小坑里。这个小坑，科学上叫"电子陷阱"。每个"电子陷阱"里可以落入许许多多带光子能量的电子，可以储存起来，像肖志国小时候把抓到的萤火虫放入瓶子里一样。当人们把这种吸收了光子能量的材料放到黑暗中时，"电子陷阱"里的电子又会跃迁到低能轨道，同时把吸收的光子释放出来，形成发光。这种发光虽然明亮,但时间太短了,在黑暗中"电子陷阱"里的电子会一下子全逃出来，发出光后很快就灭了。

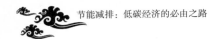

想一想，世界上的事情多么奇妙。电子陷阱蓄光竟然跟萤火虫玻璃瓶蓄光相像。设想一下，把装满萤火虫的小瓶盖子拧开，萤火虫会争先恐后地逃逸，一团明亮的荧光化为乌有。如果把瓶盖开一个小口，萤火虫就会一只一只爬出来，小灯笼会不停地一个接一个闪光，形成连续的长时间发光。

对啊，给"电子陷阱"加个"开关"，控制带光电子爬出陷阱的速度，不就形成长时间发光吗？来自童年时期萤火虫的灵感，终于使肖志国找到症结。

于是，肖志国重复探索—失败—再探索—再失败的

"我们要能长时间发光多好啊！"

漫长过程。他要从成百上千的化学元素和化合物中，寻找出可以控制电子陷阱放光速度的材料。这时，他又要像居里夫人一样，搅动一口大锅，无数次地重复着蒸发、分离和提纯工作。不同的是，肖志国的工作是在实验室里瓶瓶罐罐和自动仪器中进行，先进完善的设备，使实验研究周期大大缩短。

那是一个难忘的傍晚，经过无数个不眠之夜的肖志国，已经十分疲惫。同学和同事们早已离开实验室去吃晚饭了。肖志国太累了，他趴在实验桌上，用手臂支撑着沉重的头，强睁着昏昏欲睡的眼睛，守护着反复实验得来的粉末。天色已近深黑，突然，一片耀眼的绿光惊醒了肖志国。那一刻，他几乎不敢相信自己的眼睛，眼前玻璃瓶中的闪光，难道就是追寻十几年的梦中之光吗？他起身奔向窗前，从玻璃反光中看到在自己的手上脸上，做实验溅上的粉尘也都发出绿色荧光……

"啊！我成功了！"肖志国激动得大叫。此时他再也压抑不住兴奋，抓起一把发光粉末，涂在自己身上，跑出实验室。人们惊奇地发现，有一个浑身闪烁着绿光的人影，手舞足蹈地飞奔在夜色中……

那一刻，是1988年夏天，世界上第一个无毒、无害、

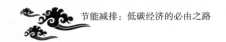

无放射性的稀土"蓄光型自发光材料"在中国诞生了。肖志国梦"光"成真。

推广道路不平坦　　处处篱笆处处墙

1988年底，肖志国以优异成绩获得硕士学位。他谢绝导师挽留，决心带着自己的实验室成果，到社会上打拼实干，使它变成工业化产品，为人类服务。

改革开放初期，要想把科研成果变成产品还真不容易。新产品都要经过中间试验和工业生产试验，需要大量的投资，更何况那时候人们对于国产科研成果大多持怀疑态度。

肖志国在许多部门、企业之间奔波，遭到的都是白眼和礼貌性拒绝。任凭他百般推荐，就是没人肯支持这个项目。

1992年，终于有了转机。那时，正值我国计划经济向市场经济转轨，大连市政府和高新技术开发区的领导，决定支持20万元贷款，作为成果转换启动资金，成立了大连高新技术商业研究所。肖志国开始拥有自己的发光材料科研和中试基地。

20万元，并不是一笔巨资，但对于肖志国，不仅是雪中送炭，简直是雪中送宝；更重要的是，它饱含大连市领导对国产高新技术的关心和支持。正是这20万元，搭建了发光事业起飞的平台。

肖志国挑选几个志同道合的助手，精打细算，快速建成一条中试线。不久，生产出完全可以商品化的"蓄光型自发光材料"。经过测试，各项指标均达到国际先进水平。

这种新型蓄光型自发光材料的特点是：白天花10～20分钟，吸收储存外来光，包括日光和各种灯光；夜晚，或者在暗处，它能连续发光12小时以上。这种新材料的发光强度和持续时间是传统发光材料的30～50倍，性能稳定优良。此外，它还是世界上第一个无毒、无害、无放射性环保型自发光材料。尤其重要的是，这项发明是中国人研究成功并具有自主知识产权的成果。它填补了国际上蓄光型自发光材料的空白。

因为它，肖志国成为世界发光史上蓄光型自发光材料带头人；因为它，中国开始引领世界蓄光型自发光材料新潮流。

面对性能优良的具有商品价值的产品，肖志国大大松了一口气。他想，这么好的发光材料，该不愁没有人

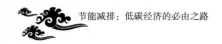

要了吧！无情的现实给了他当头一棒。当时，肖志国并没有想到个人名利，也不想一鸣惊人，他只想赶快把技术推广出去，让企业得利，让百姓受益。他首先想到的是把这种材料用到国产手表上。于是，他兴致勃勃地带上自己的发光粉末南下，到天津和上海两家最有名的手表厂登门拜访。

在天津一家手表厂，一进门就碰到麻烦。厂方听完介绍，看到发光粉末，赶紧把他推出办公室，喝道："这么亮的材料辐射有多厉害，你知道吗？赶快拿走。"肖志国反复解释，一点儿没用。最后，肖志国一横心，哀求地说：只要你们肯用，我白送你专利，分文不取。对方仍然不为所动，把他轰出厂门。肖志国坐在厂门口，抱头大哭一场。

上海手表厂遇到的情况，更令人哭笑不得。那位厂领导听说有人推广新型夜光粉，连办公室门都没让进，叫嚷着："这东西有毒，赶快把它送走。"肖志国跑遍大江南北，与发光材料有关的行政主管部门、企业、公司，竟然没有一个愿意接受。"处处篱笆处处墙"，无路可走。

一口吞下新材料　墙内开花墙外香

　　1992年，就在肖志国走投无路之时，传来一个好消息，北京将举办"国际发明博览会"。这是一次难得的展示蓄光型自发光材料的机会。没想到，几乎没有人相信他的产品。一天，来了两位著名大学的教授，详细询问材料的性能，特点和原理后，仍然不相信这种材料没有放射性，并认为肖志国的解释缺乏理论依据。情急之下，肖志国抓起一把粉末放进水杯里，一口气喝了下去，坚定地说："我希望你们相信这是真理。"肖志国的举动，

自发光材料样品

终于打动了两位教授。他们亮明身份，每人要了一份样品，带回去测试。几天后，两位教授打来电话，向他表示祝贺，认为他的发明确实是发光史上的重大突破，是一项了不起的成果，希望赶快推广，尽快占领市场。

即使这样，国内大多数人仍然不接受，半年过去了，还是四处碰壁。肖志国没有泄气，他想：国内不行，就到国外去，墙内开花也许墙外香呢！

不久，在香港举办的大连市招商会上，肖志国的环保型自发光材料引起外商的兴趣。德国和日本两家小公司提出，如果资料属实，他们愿做国外代理。

事后，他们对拿去的材料样品进行测试，确认可靠性和先进性后，向肖志国发出第一批订单。拿到这批订单时，肖志国高兴得泪流满面。十几年奋斗拼搏，终于有了结果。

这批订单数目并不太大，但是对于肖志国和他的公司太重要了。有了这批订单，说明世界上终于有人承认他的新型自发光材料国际领先；有了这批订单，可以使他的公司免于破产，继续实现发光的梦想。

更重要的是，这批订单几乎是救命的稻草。那一刻，肖志国的公司弹尽粮绝，不仅用完了政府的贷款，就连

公共场所安全疏散指示牌

地铁站使用自发光材料发光

父母给他结婚用的1万元也搭了进去，公司发不出工资，工作人员吃饭钱都没有，只能揽一些打字工作，买方便面吃。

接下来的事情似乎比较顺利了。肖志国马上用订金改造生产线，修订生产和检测工艺，向外商提供合格产品。事后，德国人在中世纪城堡式豪华宫殿里，盛宴接待这位来自东方的发明家，并达成协议，把这种材料用在消防安全指示标志上。日本代理公司把这种材料当成宝贝，在肖志国赴日访问时，该商社全体员工到公司门口列队恭迎。对照在国内的遭遇，肖志国感慨万分。看来，墙内开的花，真要在墙外香了！

消息传出，国外厂商纷纷提出合资、合作，或购买专利。有家日本公司提出月薪2万，给车，给别墅，给股份。美国一家公司愿出2000万美金购买专利技术。这些条件在当时是十分诱人的。它可以使公司摆脱困境，可以一夜致富。

在这些利诱面前，肖志国差一点儿动摇。在和日本

肖志国在研讨会上

公司签订合作意向书后，回到家里，他就后悔了。他彻夜未眠，回忆起童年的梦，研究工作的艰辛，推广路上的坎坷……这一切都是为什么？不就是为实现中国人的发光产业之梦吗？不行！专利不能拿出去，与外国合作不能进行！好在正式合同没有签。第二天，他找到日本公司，客气但果断地谢绝合作。

回顾世界发光产业的发展历史：100多年前，美国人爱迪生发明钨丝白炽灯泡，法国人克劳特发明霓虹灯，直到1938年美国人伊曼发明荧光灯，所有的发明专利都掌握在外国人手中。如今中国人有了自己的发光专利，怎么能轻易转让给外国。

此外，还有一个重要原因，就是蓄光型自发光材料的主要原料是"稀土元素"。我国稀土矿藏储量占世界80%，现在有了新型自发光材料专利，完全可以自主开

肖志国得到同行的认可和好评

187

发，形成领先世界的自发光材料产业。中国人也能扬眉吐气！

世贸大厦两次爆炸　路明公司扬帆起航

有人要问，本章开头就提到，"9·11"美国世贸大厦遭袭，使肖志国名扬全球，怎么变成"世贸大厦两次爆炸"。这到底是怎么回事？

就是这神秘的绿光救了1.8万人

肖志国获国家科技发明一等奖

事情还得从头说起。在"9·11"事件发生前8年的1993年，世贸大厦发生过一次汽车炸弹袭击。恐怖分子将一辆装满炸药的汽车停在世贸大厦地下停车库，随即引爆，炸毁了大厦的供电装置，使大楼陷入一片黑暗，几十部电梯全部停运。人们涌向安全疏散通道和楼梯间逃生，由于楼梯间一片漆黑，惊慌的人群乱作一团，发生拥挤踩踏，很多人头破血流。紧急赶来的消防队员，足足花了6个小时，才把全部人员安全撤出。在这次事件中，死6人，伤1000余人。

事后，安全消防官员四处寻找能在无电情况下黑暗中发光的材料。最后通过德国那家代理公司，从大连路明公司订到两吨蓄光型自发光材料，改造了自发光疏散指示系统，就连楼梯扶手和台阶都涂上这种自发光材料。正是这一亡羊补牢措施，才使1.8万人在"9·11"事件中，仅花两个小时，从燃烧的世贸大厦中成功逃生。路明公司因此名扬四海。

接着，各国订单接踵而来。首先是被恐怖分子飞机撞坏的美国国防部五角大楼，在修复时，全长28公里的楼道、楼梯，全部采用路明的发光材料标志。采用这种自发光材料的还有：波音、麦道、空中客车的5000架飞机，悉尼歌剧院等著名建筑，美、英、法、德、日等国大型国际机场和地铁，国际船运巨头挪威船级社认可的千百艘船只……

路明公司在国际市场取得骄人业绩，引起国内有关

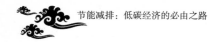
部门高度重视，公安部与建设部决定将路明公司"蓄光型自发光材料"列入新审定的国家消防规范，予以实施。天安门广场、人大会堂、三峡工程、上海和北京的地铁及机场、金茂大厦、奥运工程等一批国家重点工程率先使用。

肖志国没有满足。他知道新型LED半导体照明材料和器件是节能的重要方向，它比白炽灯节电90％，比节能灯节电60％。如果中国的照明灯有1/3用上LED半导体照明灯具，一年将省下长江三峡的发电量。

于是，肖志国当机立断，收购美国第二大半导体LED材料公司——AXT公司。在大连组建世界上最大的新型发光照明集团公司，资产总值达30亿元人民币。该公司两种新型节能照明光源——稀土自发光材料和半导体照明光源，占国内外60％以上的市场，为我国和世界照明节能做出重大贡献。

肖志国终于实现了童年时代的梦想：为人类提供廉价的照明光源。这个梦想也为中国和世界"节能减排"树立了榜样。这是中国人的骄傲，也是中华民族的骄傲！

现在，肖志国在大连建成一个发光产业园区，吸引国内外大批人才。肖志国决心和他的团队继续努力，团结奋斗，把路明集团公司打造成一艘发光材料的巨轮，继续引领世界发光材料新潮流。

今天，肖志国可以骄傲地说，他终于实现了童年的发光之梦，让"萤火虫闪光"像一只只明亮的小灯笼，照亮祖国各地，照亮整个世界。

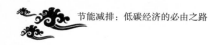

神秘能源"可燃冰"

"圣胡安"号核潜艇神秘失踪

据媒体报道，2007年3月13日晚7时至14日凌晨5时，一艘满载核武器的美国核攻击潜艇在百慕大邻近水域神秘地中断联络。美国紧急出动航母战斗群展开搜救，同时向国际潜艇救援机构求助。美国国防部长及白宫高层被人从睡梦中唤醒，潜艇官兵的亲朋好友被告知"做好最坏的准备"。就在各方陷入绝望之际，该潜艇恢复与外界的联系，且人员和潜艇安好。整个事件仍然扑朔迷离。

红光之后 潜艇神秘失踪

当地时间13日清晨，百慕大以东，美国佛罗里达州杰克逊维尔海域，美国海军"洛杉矶"级"圣胡安"号核攻击潜艇与"企业"号航母战斗群展开捉迷藏式潜艇攻击与反潜科目训练。19时，演习指挥部决定当天到此为止。意外就在这一刻发生了——演习指挥部联络不上"圣胡安"号。当夜幕降临的时候，"企业"号航母战斗群多艘水面战舰不约而同地看到，"圣胡安"号活动海域闪过一道耀眼的红光——这是潜艇遭遇特大事故时的求助信号。当事故上报后，美海军潜艇司令立即抄起红色电话，打到海军作战部长麦克·穆伦上将家中。穆伦上将一边往办公室赶，一边用加密电话向睡梦中的国防部长盖茨汇报"圣胡安"号有关情况，并要盖茨尽可能做最坏打算。

"圣胡安"号核潜艇

航母战群出动搜索

事故上报的同时,杰克逊维尔海域一派繁忙。"企业"号航母战斗群所有的水面舰只、潜艇和舰载搜寻与救援飞机均进入一级战备状态, 对"圣胡安"号可能作业的海域展开拉网式搜寻。

14日凌晨4时，美国康州格罗顿海军基地内，宪兵分头敲响"圣胡安"号约140名官兵随军家属的家门。一位30岁女性看到站在门前的是两名宪兵，且表情很不自然的时候，几乎瘫软在地。此时，基地会议室挤满神

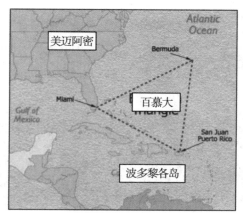

百慕大三角位置图

情严肃的随军家属。一名海军中校沉痛地宣布:"我们与'圣胡安'号失去联络已经有9个小时了,现在正在全力搜救。"这番话让猜想没有好消息的家属们一下子崩溃了，许多人当场痛哭失声。

14日凌晨5时,"圣胡安"号与外界恢复联络，告知潜艇和官兵一切安好。

留下种种疑云

美国海军潜艇司令部发言人表示,"圣胡安"号眼下运行正常，乘员不知道自己错过联络时间，潜艇没有发生机械故障。

美国军方高度重视这起事件。潜艇司令部和五角大楼都表示，一定要查清是什么导致潜艇错过联络时间，是什么造成各方误判潜艇沉没。

这起事件扑朔迷离，美国媒体和军事观察家认为至少有四大谜团:第一，究竟是谁发射红色信号弹。第二，140名官兵怎么可能错过既定联络时间长达10个小时。第三，在失踪的10个小时里，潜艇上发生了什么。迄今为止，美国海军只字未提"圣胡安"号潜艇的真实情况。第四，是否与被称为"魔鬼三角"的"百慕大"有关。

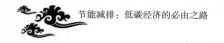

神秘的"百慕大"

"圣胡安"号潜艇活动水域邻近是赫赫有名的百慕大三角区。所谓百慕大三角，是指北起百慕大群岛，南到波多黎各岛，西至美国佛罗里达州的一片三角形海域，约100平方千米。这片海域船只、飞机失事之多，无与伦比，所以被冠以"魔鬼三角""死亡陷阱""地球的黑洞"。

此次"圣胡安"号活动海域不在百慕大区域内，但因为邻近，再次令人们联想起1945年12月5日那场可怕的事故。当天，美军6架战机接连被神秘吞噬，27名官兵下落不明。这起悲剧成了"百慕大魔鬼三角"最为人津津乐道的故事。科学家至今无法做出解释。过去1个世纪以来，有关百慕大的各种奇怪现象层出不穷，至今已有上百架飞机和船只神秘失踪。

死神居住地——百慕大三角种种猜测

历史上，百慕大魔鬼三角区频频发生灾害事故，引起科学家和探险爱好者的种种猜测。其中主要有以下几种：

1. 磁场说

在百慕大三角出现的各种奇异事件中，罗盘失灵最常发生。这使人把它和地磁异常联系在一起。人们还注意到百慕大三角海域船只失事时间多在阴历月初和月中，这是月球对地球潮汐作用最强的时候。

2. 黑洞说

黑洞是指天体中那些晚期恒星所具有的高磁场超密度的聚吸现象。它虽看不见，却能吞噬一切物质。不少学者指出，出现在百慕大三角区飞机、舰船不留痕迹的失踪事件，颇似宇宙黑洞现象。

3. 水桥说

认为百慕大三角区海底有一股不同于海面潮水涌动流向的潜流。因为，有人在太平洋东南部的圣大杜岛沿海，发现了在百慕大失踪船只的残骸。当然，只有这股潜流才能把这船的残骸推到圣大杜岛来；当上下两股潮流发生冲突时，就是海难发生的时候。

4. 晴空湍流说

晴空湍流是一种极特殊的风。这种风产生于高空，当风速达到一定强度时，便会发生风向角度改变现象。飞机碰上它，便会剧烈震颤。严重的时候，飞机会被撕得粉碎。

5. 幽灵潜艇说

1993年7月，英美联合探险队在这一海域水下1000米深处发现一艘潜艇，其速度之快，远远超过世界各国已知任何潜艇。后经查实，在这一天，世界各国根本没有任何潜艇在那一带执行任务，也就是说，这条潜艇根本不可能是人类制造的。

6. 外星人干扰说

有人认为，"魔鬼三角"原是外星人在海底安装的强大信号系统。这些信号系统发出的信号，严重干扰船只和飞机的导航系统，损坏人的神经系统，船只和飞机自然会失去正确的航向。

历史上该地区发生过许多次神秘死亡事件，1880~1976年，约有158次失踪事件，其中大多发生在1949年以来的30年间，曾发生失踪事件97次，至少有2000人丧生。到目前为止，人们对"百慕大魔鬼三角"的解释，仍然归纳为以上6种超自然原因和自然原因，没有得出令人信服的结论。

都是新能源可燃冰"惹"的祸

最近，英国地质学家，利兹大学克雷奈尔教授提出新观点。他认为，造成百慕大海域经常出现沉船或坠机事件的元凶是海底产生的巨大沼气泡。在百慕大海底地层下面发现一种由冰冻的水和沼气混合而成的结晶体——可燃冰。

当海底发生猛烈的地震活动时，被埋在地下的块状晶体被翻了出来。由于可燃冰的主要成分是甲烷，会因外界压力减轻迅速气化。大量的气泡上升到水面，使海水密度降低，失去原来所具有的浮力。恰逢此时经过这里的船只，就会像石头一样沉入海底。如果此时有飞机经过，当甲烷气体遇到灼热的飞机发动机，会立即燃烧

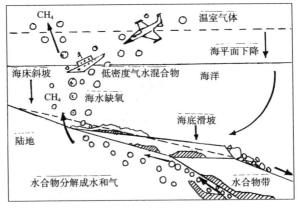

可燃冰气化带来灾难原理图
可燃冰水合物形成甲烷气泡的情况

199

爆炸，使飞机荡然无存。

美国一间实验室做了一个模拟实验。从一个小泳池底部向上吹大量空气，形成的气泡充满水池，让一位水性很好的游泳运动员跳入水池，这时他的身体像秤砣一样直向下沉，因为充满空气的水已失去浮力。这就说明

机械手从海底岩缝中取出可燃冰

实验室中燃烧的可燃冰

为什么许多轮船在百慕大三角区会突然沉入海底而消失。

到目前为止，这种推测算是最有说服力的科学说法，科学家还找到可燃冰样品，证明这种推测的正确。中国科学院院士汪晶持同样观点。

可燃冰的结构和成因

以往，人们谈到能源，首先想到的是能燃烧的煤、石油或天然气，很少想到晶莹剔透的"可燃冰"。自20世纪60年代以来，人们陆续在冻土带和海洋深处发现可以燃烧的"冰"。这种"可燃冰"在地质上称为天然气水合物，又称"笼形包合物"，分子结构式为$CH_4 \cdot 8H_2O$。

天然气水合物是一种白色固体物质，外形像冰，有极强的燃烧力，可作为上等能源。它主要由水分子和烃类气体分子甲烷组成，也称它为甲烷水合物。天然气水合物是在一定条件（合适的温度、压力、气体饱和度，水的盐度、pH值等）下形成的白色固态结晶物质。一旦温度升高或压强降低，甲烷气则会逸出，固体水合物便趋于崩解。所以，固体状天然气水合物往往分布于水深大于300米的海底沉积物或寒冷的永久冻土中。海底天

201

可燃冰结构图

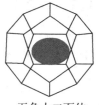

五角十二面体

五角六角十六面体

可燃冰笼形结构：8个水分子包一个甲烷分子

然气水合物依赖巨大的水层压力维持固体状态，分布于从海底到海底之下1000米范围内，再往深处则由于地温升高，固体状态遭到破坏而难以存在。

由图示可见，可燃冰是天然气分子被包进水分子中，在海底低温与压力下结晶形成的。形成可燃冰有3个基本条件：温度、压力和原材料。首先，可燃冰可在0℃

以上生成，超过20℃便会分解。海底温度一般保持在2～4℃左右。其次，在0℃时，可燃冰只需30个大气压即可生成，而以海洋的深度，30个大气压很容易保证，并且气压越大，可燃冰越不容易分解。最后，海底有机物沉淀，其中丰富的碳经过生物转化，可产生充足的气源。海底地层是多孔岩石，在温度、压力、气源三者都具备的条件下，可燃冰晶体就会在岩石空隙间中生成。

可燃冰够用1000年

能源危机让人们忧心忡忡，可燃冰像是上天赐予人类的珍宝。它年复一年地积累，形成延伸数千乃至数万里的矿床。探明的可燃冰储量，是全世界煤炭、石油和天然气之和的几百倍。

科学家的评价结果表明，仅在海底区域，可燃冰分布面积就达4000万平方公里，占地球海洋总面积的1/4。目前，世界上已发现的可燃冰分布区多达116处，其矿层之厚、规模之大，是常规天然气田无法相比的。

可燃冰被称为"21世纪能源"或"未来新能源"。据估算，海洋可燃冰资源量是陆地的100倍以上。据保守统计，全世界海底可燃冰中贮存的甲烷总量约为1.8

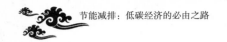

亿立方米，约合1.1万亿吨，够人类使用1000年。

世界各国竞相开发可燃冰

1960年，苏联在西伯利亚发现可燃冰，于1969年投入开发；美国于1969年实施可燃冰调查，1998年把可燃冰作为战略能源列入国家级长远计划；日本开始关注可燃冰在1992年，目前基本完成周边海域的调查与评价。最先挖出可燃冰的是德国。

从2000年开始，可燃冰的研究与勘探进入高峰期，世界上至少有30个国家和地区参与。其中，以美国的计划最为完善，总统科学技术委员会建议研究开发可燃冰，参众两院许多人提出议案，支持可燃冰开发研究。美国目前每年用于可燃冰研究的财政拨款达千万美元。

为开发这种新能源，国际上成立由19个国家参与的地层深处海洋地质取样研究联合机构，有50个科技人员驾驶装备有先进实验设施的轮船，从美国东海岸出发，进行海底可燃冰勘探。这艘可燃冰勘探专用轮船的7层船舱装备着先进的实验设备，是当今世界唯一能从深海下岩石中取样的轮船。

中国可燃冰开发形势喜人

作为世界上最大的发展中的海洋大国，我国海底天然气水合物资源十分丰富。加强可燃冰调查评价，是贯彻实施党中央、国务院确定的可持续发展战略的重要措施，也是开发21世纪新能源，改善能源结构，增强综合国力及国际竞争力，保证经济安全的重要途径。

我国对海底天然气水合物的研究与勘查取得一定进展，在南海西沙海槽等海区相继发现天然气水合物。

2005年4月14日，我国宣布，在中国南海发现世界上规模最大的"可燃冰"碳酸盐岩分布区，其面积约为430平方公里。

该分布区为中德双方联合科学考察首次发现。科考期间，在南海北部陆坡，东沙群岛以东海域发现大量的自生碳酸盐岩，其水深范围分别为550～650米和750～800米，巨大碳酸盐岩构造体在海底屹立，其特征与哥斯达黎加边缘海和美国俄勒冈外海所发现的"化学礁"类似，规模却更大。中德科学家一致建议，将该构造体命名为"九龙甲烷礁"。2007年，我国自主建设的第一艘可燃冰海洋调查船"海洋六号"下水，标志着我国可

中德调查船采集的可燃冰样品在燃烧

中国第一艘可燃冰调查船——海洋六号

燃冰调查全面展开。

　　2009年9月25日，国土资源部、中国地质调查局宣布：在青海祁连山南缘永久冻土带、天峻县木里镇成功钻获天然气水合物。

此发现使中国成为世界上第一个在中低纬度冻土区发现天然气水合物的国家。这一重大突破，证明中国冻土区存在丰富的可燃冰（天然气水合物）资源。中国是世界上第三冻土大国，冻土区总面积达215万平方公里，具备良好的天然气水合物赋存条件和资源前景。据科学家粗略估摸，远景资源量至少有350亿吨油当量。

我国可燃冰开发工作起步较晚。国土资源部从1999年开始启动可燃冰海上勘查，历经9年，累计投入5亿元。天然气水合物研究，中国是后来者，而且是实验性开采比较落后的国家，如若不推行重大的国家行动计划，将难以使天然气水合物产业立于不败之地。

我国"十一五"规划中写明："开展煤层气、油页岩、油砂、天然气水合物等非常规油气资源调查勘探"。但是可燃冰开发技术上还存在许多困难和未知因素，我国与发达国家在开发技术上还有不小的差距。我们不仅要抓好技术，还要从战略高度用科学发展观来分析和规划。特别要对可燃冰开发与海底和冻土地带的稳定性关系进行研究，对可燃冰开发与全球大气变化、化石能源结构转型的关系进行分析，还要对生态环境和国民经济发展模式的相互作用进行深刻的研究和反思。

国土资源部表示：把可燃冰变成民用能源，国际时间表基本定在2015~2020年左右，我们国家如果向前赶，比它们晚15~20年，大概2050年左右，我国将和发达国家处于同样水平甚至超前。改革开放30年的经验证明，中国想干的大事一定会成功。

可燃冰开采不当　会引发灾难

天然气水合物在给人类带来新的能源前景的同时，对人类生存环境提出挑战。天然气水合物中的甲烷，其温室效应为二氧化碳的20倍。温室效应造成的异常气候和海面上升正威胁着人类生存。全球海底天然气水合物中的甲烷总量约为地球大气中甲烷总量的3000倍。如果开采不当，后果是灾难性的。可燃冰矿藏哪怕受到最小的破坏，都足以导致甲烷气体大量泄漏。另外，陆缘海边的可燃冰开采起来十分困难，一旦出了井喷事故，就会出现大规模海底滑坡，造成海啸、海水毒化等想不到的巨大灾害。所以，可燃冰开发利用就像一柄双刃剑，需要谨慎对待。

结束语

为实现低碳经济，必须将节能减排、开源节流进行到底。

节能减排指的是减少能源浪费和降低废物、废气排放。开源节流指的是在节能减排同时，必须寻找开发替代能源，包括可再生能源和新能源。二者相辅相成，不宜偏废。

中国作为世界上经济发展最快的发展中国家，经济社会发展取得举世瞩目的辉煌成就，成功地开辟中国特色社会主义道路，为世界发展和繁荣做出重大贡献。

与此同时，中国又是目前世界上第二位能源生产国和消费国，能源消费快速增长。在节能减排和替代能源开发和应用方面，中国起步较晚，相对落后。近30年来，在改革开放的大好形势下，中国政府和社会各界对节能

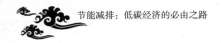

减排和替代能源开发应用投入巨大的资金和热情，相继出台节能减排的法律法规，以立法形式推进节能减排和可再生能源发展，在个别领域取得令人瞩目的成绩。

我国政府正在以科学发展观为指导，加快发展现代能源产业，坚持节约资源和保护环境的基本国策，把建设资源节约型、环境友好型社会放在工业化、现代化发展战略中的突出位置，坚定地将节能减排和开源节流进行到底，努力增强可持续发展能力，建设创新型国家，继续为世界经济发展和繁荣做出更大贡献。